パナソニック・ショック

立石泰則

文藝春秋

パナソニック・ショック　目次

装幀　関口聖司

はじめに

何ごとにも、予兆はあるものだ。それに気づくか気づかないか、実際はそれだけのことである。しかし私たちは、得てして見てみない振りをする。なぜなら、ひとつは知ったところで、先々何か起こるにせよ自分の力ではどうにもならないという諦めの気持ちが心を支配するからだ。もうひとつは、責任が問われることには関わりたくない、その間をなんとかやり過ごせばそれでいいと考える事なかれ主義に冒されているからだ。

そして隠せない事実や出来事が明らかになったとき、その罪の深さと重さを思い知らされる。そのとき、多くの人間は最初は「どうして」と戸惑い、次に「ここにいたるまで放置したのは誰だ」と責任を追及し始める。

そんなことを私がふと思ったのは、シャープ、ソニー、パナソニックという日本を代表する大手家電メーカー三社の二〇一二年三月期決算内容を知った時である。

	連結売上高	最終損益
シャープ	二兆四千五百五十八億円	三千七百六十億円（赤字）

ソニー　　　　　六兆四千九百三十二億円　　　　四千五百六十六億円（赤字）
パナソニック　七兆八千四百六十二億円　　　　七千七百二十一億円（赤字）

日本を代表する大手家電メーカー三社の最終赤字の合計は、一兆六千億円を超える。いずれもテレビ事業の不振が、赤字決算の元凶である。日本の家電メーカーに代わって、世界のテレビ市場を牽引するのは、サムスン電子とLG電子という韓国メーカーである。そして日本の家電メーカーを追走するのは、低価格を武器に急成長するハイセンスなど中国の家電メーカーである。

大手三社は、いわば覇者・韓国メーカーと、日本をキャッチアップしてきた中国メーカーとの挟み撃ちに遭い、一方的に負けた状態にある。一番の被害者は、薄型テレビ（プラズマ、液晶）で出遅れたソニーである。テレビ事業は二〇〇五年から八年連続で営業赤字だし、最終赤字は四年連続である。我が国の液晶テレビの先駆者、シャープは国内では「液晶のシャープ」の名をほしいままにしたものの、海外市場の開拓に失敗し、そのことが最後まで響いている。

私が一番ショックだったのは、パナソニックが三社の中で最大となる七千七百二十一億円という巨額な最終赤字を出したことである。私が初めてパナソニックを取材したのは、社名が「松下電器産業」時代の一九八七年である。その取材に基づいた作品を雑誌に発表し、それに大幅な加筆修正を加えた『復讐する神話　松下幸之助の昭和史』(文藝春秋、一九八八年)が、私の処女作となった。

その頃の松下電器は「松下中興の祖」と呼ばれた山下俊彦氏の後任、谷井昭雄氏が社長の時代だったが、創業者・松下幸之助の「赤字は社会悪である」という訓示がまだ生きている頃でもあった。取材していても、社長以下主要な幹部まで「赤字は社会悪」とばかりに利益追求にはどこまでも貪欲さを感じ、さすがは「松下商法」だなと感心したことをいまも覚えている。

このままでは10年もたない!?

戦後の再建の過程で、大阪の中小企業に過ぎない松下電器に対し銀行などの金融機関は融資を渋り、松下幸之助は資金繰りに苦しんだ。その時の体験から幸之助は「ダム経営」を唱え、自己資金の蓄積に励んだ。その結果、トヨタ自動車と並ぶ余裕資金を持つ企業となった。逆に金融機関は、松下の財力を目当てに日参するようになる。つまり、資金運用のお手伝いをさせて下さいというわけである。

松下電器は「トヨタ銀行」と呼ばれたトヨタ自動車同様、別名「マツシタ銀行」の名の下に展開した財テクが一時は主要な利益の源泉となったほど、財務に明るい企業のイメージが定着した。その松下電器が、たとえ経営が苦しくても簡単に赤字になるはずがない、という思い込みが私にはあった。それゆえ私は、最終赤字、それも七千七百二十一億円という巨額な金額に驚いたのである。

『復讐する神話』を上梓した以降も、私は松下電器の取材を続けた。そして節目節目で、月刊誌などの雑誌に作品を発表してきた。そして私にとって、松下電器に関してひとつの転機になった作品が『ソニーと松下　二十一世紀を生き残るのはどちらだ！』（講談社、二〇〇一年）である。帯には「このままでは松下は10年もたない⁉」と、やや刺激的なコピーが付けられていた。この文言を考えたのは、担当編集者の立脇宏氏だった。さすがの私も、そこまでは思い至っていなかった。そこで立脇氏に「十年はもたない」と私は書いていないし、どうしてそんなコピーが浮かんだのか聞いたところ、「読めば、私と同じように誰だって、松下が十年もつかと疑問に思うと考えたから」という答えが返ってきた。そのとき私は、「そうですか」と返事したものの、少し不満だった。

エピローグの最後の頁で、こう明記していたからだ。

《現在、ソニーは日本企業の中でも元気がよく、熱い注目を浴びる数少ない企業のひとつである。もちろん、世界レベルで比較すれば、ソニーといえども、万全ではない。世界の有力企業と伍していける確率は五分五分だろう、と私は見ている。（中略）

元気のない日本の企業の中で高い評価を得ても、それが世界に出た場合、どれだけ通用するか。それは、誰にも分からない。世界は、たえず変化しており、動いている。今日の勝者が明日の敗者に代わるのは、珍しくない時代に入っている。

その意味では、松下電器よりも優位に見えるソニーといえども、二十一世紀を生き残る事が出来るという保証は何もない。

それだけは、確かである》

私は松下同様、当時絶好調のソニーに対しても「成功による自信が過信となり、過信が慢心に、そして慢心が傲慢へと変化するのに、それほど時間はかからないものだ」と警鐘を鳴らしたつもりだったのだが、担当編集者を含め読者には総合家電メーカー・トップで安定感のある松下電器の危機のほうが印象に残ったのであろう。

経営危機は、ソニーのほうが早く訪れた。

二〇〇五年に経営責任を問われて、会長・社長が同時辞任するというソニーの経営史上初めてのトップ人事が行われた。それ以降、ソニーは棘の道を歩くことになる。

しかし松下電器に関しては、担当編集者の立脇氏の見立てがあたった。十一年後、既にパナソニックに社名変更していた松下電器は、前述した通り、過去最大の最終赤字を記録した。現在、専務から新しく社長に就任した津賀一宏氏のもと、再建途上にある。

どうして、このような事態に陥ってしまったのか。

大胆に言えば、創業者・松下幸之助が松下電器を大企業に成長させ、女婿の正治社長時代にやや土台が揺らぐ。それを立て直し、家電メーカーだった松下電器に「総合エレクトロニクス・メーカー」という将来像を提示したのが、松下家以外からの初めての社長となった中興の祖・山下俊彦氏である。その目標に向けて、後任の社長たち、谷井昭雄氏は曲がりなりにも進んでいたものの、森下洋一氏から迷走が始まる。そして森下氏が後継に選んだ中村邦夫社長時代から様相が一変し、続く大坪文雄氏の時代で創業以来の松下のカルチャーが完全に変質してしまい、経営がダメになってしまった、と私は見ている。

つまり、松下電器が「どこから来たのか」（創業の精神）を忘れてしまい、「どこへ向かうべきか」を見誤った結果が、現在の姿をもたらしたものだと考えている。

そのような松下の姿を、創業者・松下幸之助はいったいどのような思いで見ているのだろうか――私の素朴な疑問に私自身が挑戦したのが、本書である。

第一章

私と松下幸之助

工場を見まわる幸之助

「顔」が見える会社

わが家の最初の家電製品は、白黒テレビだったように記憶している。小学校から帰ると、自宅の居間に布がかけられた大きなものが置いてあった。布という私の記憶だが、本当は専用のカバーだったかも知れない。とにかく、床の間の傍に置いてあったから、きっと大切なものなのだろうなと思った。

父が何やら儀式めいたやり方で、その布をとると現れたのがナショナル（現、パナソニック）のテレビだった。それまで私はテレビを見たくなったら、電気店の店頭かテレビのある父の知り合いを訪ねるしかなかった。時には、テレビを開放している薬局に友達と一緒に出かけては見たものである。

テレビ事情に詳しい友人によれば、自宅の大広間にテレビを据えて料金を取るところもあったという。それで一度、出かけたところ、視聴料金は一回十円で飴が一個付いてきたと、その時の様子を話してくれた。昭和三十年代半ばの頃の話である。その当時、私たちにとって、唯一で最大のエンタテインメントは「テレビ」だった。

その後、わが家の家電製品は冷蔵庫、洗濯機、掃除機、クーラーと増えていくが、各製品には「ナショナル」のロゴが付いていた。いわゆる白物家電は、ナショナル、つまり松下電器の製品が圧倒的に多かったのだ。それに対し、私が愛用したテープレコーダーやFMラジオ、ラジカセなどオーディオ関係は「SONY」製品ばかりだった。

わが家では、要するに白物家電＝松下電器、オーディオ機器＝ソニーという形で電化が進んでいったのである。

しかし両社には、決定的な違いがあった。

それは、松下電器が「顔」が見える会社だったことだ。創業者の松下幸之助は「昭和の今太閤」や「商売の神様」などと呼ばれ、すでに功成り名を遂げた人物として有名だったからだ。詳しいことは知らなくても、学歴もなく貧しい家庭に育ち、丁稚奉公から大会社の社長になった——程度のことは、中学生の頃には既知のことであった。おそらく父親や親戚の人たちの会話からの受け売りに過ぎないのだが、歴史が好きな私にとって、豊臣秀吉の出世話とオーバーラップし尊敬すべき人物として頭に入っていた。

他方、ソニーの二人の創業者、井深大《いぶかまさる》氏と盛田昭夫氏の存在を知るのは、雑誌社に就職したため、仕事上の不可欠な知識として勉強したことからである。それゆえ私にとって、ソニーは企業としてではなく製品としての「ＳＯＮＹ」でしかなかった。

私が初めて松下電器を取材したのは、一九八七年の週刊誌記者の時代である。懇意だった編集者から「今度、ノンフィクション特集の臨時増刊号を出す企画があるから、書きたいテーマがあれば執筆してみませんか」と声をかけられたのが、きっかけだった。

当時、松下幸之助氏は高齢のため入院中で、しかも言葉も不自由だったため、インタビューは不可能だった。それに代わるものとして編集者と私が考えたのが、いわゆる「番頭」と呼ばれる幸之助氏とともに松下電器の成長に貢献した人たちに取材することで、新しい幸之助像を浮かび上がらせるという手法である。

そこで仮のタイトルとして決めたのが、「松下幸之助を神様にした男たち」だった。週刊誌の記者を続けながらの取材だったため、オフの日には必ず大阪に通う日が続いた。ハードな日々だったが、出会った番頭さんたちは、誰もが魅力的な人だった。そして驚いたのは、ほとんどの人が幸之助氏を尊敬しつつも、けっして神格化することなく幸之助氏の失敗やダメなところも隠すことなく話してくれたことだった。私の目の前に「人間・松下幸之助」像が広がっていった。

まず「商人」であれ

番頭さんたちの取材で印象的だったのは、幸之助氏が社員を分け隔てなく大切にしていたエピソードを誰もが持っていたことである。

戦前の昭和十一（一九三六）年に松下電器に入社し、最後は副社長に就任する安川洋氏もまた、幸之助氏の心配りや気遣いに感謝したひとりだった。

安川氏は入社早々、病気で入院するという不運に見舞われる。完治し退院してきた安川氏は、それまでの遅れを取り戻そうと張り切るが、幸之助氏から「待った」がかかる。病み上がりの身体で現場に復帰し、仕事をするのではきついだろうからと従業員の一種の親睦団体だった「歩一会《ほいちかい》」の担当に回されたのである。

「歩一会」は、幹部と従業員が交流を通じて理解を深めるため休日には野球大会やハイキングなどを企画・主催していたが、その仕事を安川氏は受け持つことになったのだ。さらに「歩一会」は、社内報にあたる「歩一会誌」という会報も発行していた。

その「歩一会誌」に幸之助氏が自叙伝を掲載することになった。安川氏は、その掲載の担当者として幸之助氏の口述筆記を引き受け、月に一、二度、門真工場近くの自宅から京都の幸之助氏邸を訪ねた。日曜日の朝八時から口述筆記は始まるから、安川氏にすれば休日返上ということになるが、それでも彼には密かな楽しみがあった。

口述筆記のあと、幸之助氏が「わし、今から会社へちょっと出るから、一緒に（クルマに）乗っていけ。京都見物もまだやろ」と誘ってくれることがあるからだ。会社へ行く道すがら、京都の町を案内するとともに「入社した動機はなにか」「松下電器でいまやりたいことはなにか」などと、幸之助氏は新人社員だからといっておざなりな対応ではなく、親身になって話を聞いてくれたという。ある時などは、九州に残してきた安川氏の両親の健康まで気遣うほどであった。

当時はまだ、松下電器は町工場程度の会社であったとはいえ、関西ではそこそこの成功をおさめた会社として有名であった。そこの創業社長にここまで親身にされて、二十代の新人社員が感激しないわけがない。

安川氏は「こんな素晴らしい会社に入って、本当に良かったな」と思った。

「そこの社長が、会社に入ったばかりの新米を一緒にクルマに乗せていろいろ話をしてくれる。こんな素晴らしい会社……、こんな素晴らしい社長の下で仕事出来るなんて、これホンマに給料なんか貰わんでいいわと思いましたね」

このように、松下電器では当初は会社に対する忠誠心は企業という組織を通じての繋がりによってではなく、むしろきわめて幸之助氏と社員間の個人的な人間関係によって形づくられていったのである。

さらに松下電器の取材を始めたとき、最初は違和感を覚え、次には感心させられたことがある。それは他の家電メーカーでは経験したことのない、メーカーとしての共通項のない企業風土である。

それは、松下電器は自他共に認める「総合家電メーカー」でありながら、新人研修から始まって社員教育全体を通して「商人の心得」を教え続けていることである。つまり、メーカーでありながら、社員にはまず「商人」であれ、と求めているのだ。

私を含めメディアの人間は、経営不振や業績悪化などでメーカーの経営陣を批判する場合、しばしば「メーカー・マインド」の有無、その喪失を問題にする。例えば、「メーカー・マインドを失ったからだ」といった表現である。

しかし松下電器では、その前に社員に対し「商人」であることを求める。当初はかなり戸惑ったものの、取材を続けているうちに「販売の松下」となぜ畏怖されてきたのかが分かるようになると、「商人」であることの意味も自ずと腑に落ちるようになった。

ここではこれ以上は触れないが、その契機となったと思われるエピソードだけは紹介しておきたい。松下電器と他の家電メーカーを明確に線引きする特徴は、この「商人になる」ことを社員に求めたことだと考えているからだ。

「経営とは常識なり」

松下幸之助氏は勤めていた大阪電灯（現、関西電力）を退職し、ソケット製造を主要事業とする配線器具製造の「松下電気器具製作所」を起業する。起業とはいっても、わずかな資金を元手に住んでいた借家を仕事場にしたものだった。

この頃に有名な「二股《ふたまた》ソケット」を幸之助氏が発明し、それが大ヒット商品となって事業の基盤を築くことになるのだが、その発明のヒントはちょっとしたことからだった。

幸之助氏が夕暮れ時に大阪の町を歩いていると、姉妹が口げんかする声が聞こえてきた。いったい何ごとかと垣根越しに声のする家を覗くと、姉がアイロンをかけたい、妹が本を読みたいと言って電球のソケットの取り合いをしていた。当時は、現在のようにコンセントが各部屋に付いている時代ではなく、電球の差し込み口を使うしかなかった。つまり、ひとつしかない差し込み口を取り合っていたのである。

このシーンを見た幸之助氏は、差し込み口が二つあれば、姉妹げんかもしなくて済むしみんなも喜ぶと考えて「二股ソケット」を発明したと言われる。発明家としての松下幸之助氏を紹介する時に用いられるエピソードである。

しかし私は、このエピソードに松下幸之助氏の経営の原点、松下電器発展の出発点があると考えている。つまり、松下電器は、市場の声（消費者のニーズ）を聞くことで成長した企業であることだ。いわゆるマーケットオリエンテッド（市場志向）の会社であると言っていい。ソニーが日本初、世界初といった他社にはない製品開発や独自技術にこだわり、新たな市場開拓を目指した技術志向の会社だったことと対照的である。

それゆえ幸之助氏は、売れる製品を作るため何よりもまず消費者の声に耳を傾ける「商人」であることを社員、従業員に求めたのである。いわば「なにか、ありませんか」と各家庭を回る御用聞きのように、いつも消費者の声に耳を傾けるような商人であれ、というわけである。

そのため、しばしば松下の経営は「二番手商法」や「マネ下」と揶揄されてきた。他社が先行して開発・発売した製品が売れ出すと、同じような製品を大量に製造・販売し、あっという間に高い市場シェアを奪うからである。

その場合、多くは松下の「技術力のなさ」を指したものだったが、それは決して正しい指摘とは言えない。大量に製造できる、つまり量産化できることは、技術力の高さを証明しているからだ。

松下電器には、強い事業分野も弱い事業分野もある。それは、どのメーカーでも同じである。他社と違うのは、経営理念の有り様である。松下電器は、どこまでも「商人」であろうとしたことである。

私の松下取材は昭和六十二（一九八七）年から始まるが、取材を進めれば進めるほど、当初抱いていた松下幸之助氏や松下電器のイメージは次々と壊れていった。代わって、私の目の前に現れたのは、番頭さんたちの目を通して新たに構築されていった「人間・松下幸之助」像であり、番頭さんと幸之助氏との人間関係を通じて見えてきた新しい「松下幸之助の経営観」であった。

それは、幸之助氏は「経営の神様」というよりも「優れた常識人」であり、松下経営の神髄は「常識を大切にする」ということであった。そうした前提を踏まえるなら、松下電器の発展は「経営とは常識なり」を実践し証明してきた歩みではないか、と私はいま考えている。

第二章

幸之助と松下電器

「松下家」再興が悲願

松下幸之助の経営は、しばしば「家族主義」や「温情主義」と呼ばれる。そのため、幸之助時代の経営をいまなお懐かしむ松下ＯＢや松下ファンがいる一方で、役員の世代交代の遅れや余剰人員を抱え込むことになったという批判も少なくない。

しかし私は、いずれも的を射ていないと思う。

松下幸之助にとって、建前ではなく会社は本当に「家庭」であり、社員・従業員は「家族」に他ならなかったからだ。幸之助は経営トップとしてではなく「家長」として君臨し、平穏な「家庭」生活の維持のため身を粉《こ》にして働き、「家族」を守ることに専念しただけである。その場が、たまたま「会社」だったに過ぎない。

それゆえ、幸之助の経営は「家族主義」ではなく「家族経営」であり、「温情主義」ではなく家長として家族を「見捨てられない」だけなのである。彼にとって、余剰社員は存在せず、みな抱え込むべき家族なのである。

幸之助の「家族経営」は、戦前と戦後の高度成長期まではきわめて有効な経営（手法）であった。日本的経営の象徴ともいえるその成果は、何よりも松下電器産業を世界的な企業に発展・成長させたことである。しかしどんな優れた人材であっても、また尊敬すべき人物であっても、矩《のり》を超えて生きることはできない。その意味では、「経営の神様」と賞賛された幸之助といえども、時代の産物である。

松下電器が抱える根源的な問題は、幸之助が自らの矩を超えて生きようとしたことから生じたものである。そして現在のパナソニックの苦境は、それに付随して表面化したものに過ぎない。詰まるところ、現在のパナソニックの経営悪化の原因を探るためには、松下幸之助の経営のみならず彼自身の人生そのものを俯瞰《ふかん》して見る必要がある。なぜなら、松下幸之助＝松下電器だからである。ここでしばらく、松下幸之助と松下電器の歩みを辿ってみたい。

幸之助伝説の始まり

松下幸之助は、そのサクセス・ストーリーが貧農の身分から武士となり最後は天下をとって太閤となった豊臣秀吉に似ていることから「昭和の今太閤」とも称された。たしかに秀吉は貧農の出だが、松下家は実際には江戸時代中期には苗字帯刀を許された豊農で、幸之助自身も《私の生まれた当時、（中略）家庭は千旦《せんだん》ノ木では、まあ上位に属する小地主の階級にあった》と、初めての自叙伝『私の行き方考え方　わが半生の記録』（実日新書）の中で明らかにしている。

松下幸之助は明治二十七（一八九四）年十一月二十七日、和歌山県海草郡和佐村字千旦ノ木（現、和歌山市禰宜《ねぎ》）という農村で生まれた。父・政楠《まさくす》三十九歳、母・とく枝三十八歳の時の子供で、夫妻はすでに二男五女を授かっていた。幸之助は三男で末っ子ということになる。

年老いてから授かった子供はとくに可愛いというが、政楠夫妻にとって長寿社会の現代とは違い、四十歳を目前に控えた年齢はそれに十分であったろう。とくに母のとく枝は、幸之助を溺愛した。幸之助は長男・伊三郎とは十七歳、長女・イワとは二十歳も離れていた。

松下家は村では旧家に属し、小地主であった。ただ小地主とは言っても、自宅から隣村の西和佐村まで行くのに他家所有の土地を通らずに済んだと言われるから、かなりの資産家だったと推測できる。

松下家の全盛は政楠の父・房右衛門の時代で、生家の屋敷内には樹齢七百年とも八百年とも言われる松の木があり、「千旦の松」と呼ばれていた。しかし房右衛門が、明治十五年八月五日に亡くなると、松下家は急速に傾いていく。跡を継いだ幸之助の父・政楠が家業である農業に関心がなく、別のものに心を寄せたからだ。

幸之助が生まれたころ、日本は日清戦争（明治二十七年七月〜明治二十八年三月）の最中で、日本はこの戦争を契機に近代的工業国としてのスタートを切る。産業の勃興とともに、和歌山市にも米穀取引所が設置され、米相場が盛んに立てられるようになった。

その米穀取引所に政楠は頻繁に出入りし、にわか相場師となるのだ。相場という名のギャンブルに嵌まった政楠は、素人ゆえの未熟さから失敗を重ねて大損害を被る。そして幸之助が四歳の頃には、先祖伝来の田畑や家屋敷などの資産を手放し、和歌山市に移り住むことを余儀なくされるのである。松下家の没落の始まりである。

明治三十二年秋、松下家は二台の大八車に家財道具を積み込んで和歌山市内へ引っ越して行った。一台の大八車を政楠が引き、もう一台は遠縁にあたる男性が引いた。母・とく枝と兄や姉たちは、それぞれ分かれて二台の大八車を押した。それも舗装もされていない道を、である。同時にそれは、幸之助伝説の始まりでもあった。

商売人としての才覚

家財を処分して残ったわずかなお金を元手に、政楠は知人の紹介で和歌山城近くの本町一丁目に下駄屋を開いた。下駄屋で政楠とともに働いたのは、和歌山県下で一校しかなかった中学校（旧制、現・高校）に通っていた長男の伊三郎である。伊三郎は四年生で中退して、小僧代わりに店を手伝った。

背水の陣で臨んだ商売だったが、結論から先に言えば、下駄屋は長続きしなかった。二年余りで、政楠は店をたたむことになった。原因は定かではないが、所詮「武家の商法」の域を超えるものではなかったことや政楠がまっとうな商売や仕事に最後まで専念できない質《たち》だったことも一因だったであろう。

というのも、政楠はどれほど経済的な困窮に陥っても、死ぬまで米穀取引所通いを止めるようなことはなかったからだ。幼い幸之助の瞼には、米相場に手を出しては負けて肩を落として帰ってくる父親の後ろ姿が焼き付いた。

しかし松下家を襲った本当の不幸は、経済的なもの以上に肉親の相次ぐ「死」であったろう。和歌山市に越してきた翌明治三十三年十月に次男・八郎（十七歳）が、さらに次の年の四月には次女・房枝（二十歳）が、そして八月に和歌山紡績の事務員に就職していた長男・伊三郎（二十三歳）が相次いで病死したからである。とくに父親に代わる一家の働き手であり、松下家の家督相続者である長男の死は、将来を託していた両親には信じがたいものであったろう。

一家の働き手を失った松下家の経済的なダメージは大きく、政楠は東奔西走していろいろな仕事に手を出し、その日その日の暮らしを何とかしのぐ有り様だった。長男の死から一年後、何か思うところがあったのか、政楠は職を求めて単身大阪へ出て創立まもない私立大阪盲啞院で盲啞生の世話や事務的な雑務を行う職を得る。いわばサラリーマンとなった父親からの仕送りで、和歌山に残された幸之助たち家族は質素ではあるが、穏和な生活を送ることが出来るようになった。

しかしその生活も、長くは続かない。二年後、政楠からとく枝に手紙が届く。大阪の火鉢屋で小僧を探しているから、幸之助を大阪へ寄越せというのである。そのとき、幸之助は尋常小学校（四年制）の四年生で、卒業まで四カ月余りだった。つまり、政楠は卒業まで待てないというのである。米相場から足が洗えない政楠にとって、毎月の仕送りが大きな負担になっていたのであろう。

父の求めに応じて九歳の幸之助は、明治三十七年十一月下旬、大阪へ単身旅立つ。

しかし父・政楠が紹介した火鉢屋は三カ月で店仕舞いしてしまい、代わりにと店主が紹介したのが「五代自転車商会」だった。当時、自転車は流行の兆しを見せ、将来のである。

有望な商売であった。五代自転車商会で、幸之助は十歳から十五歳まで約五年間働くが、この間に彼の基本的な人生観が確立するとともに商売人としての才覚が芽生える

「顔色を窺う」ことの大切さ

幸之助の商売人としての才覚、その手がかりとなるエピソードを、いくつか拾ってみる。

ひとつには、「煙草の買い置き」という有名な話がある。

五代自転車商会で働き出して二年ほどしたころ、幸之助は自転車の修繕を任されるようになる。店で作業をしていると、しばしば常連客から「ちょっと、煙草を買うてきてんか」と頼まれた。その都度、汚れた手を洗い、近所の煙草屋に駆けつけるのだが、一日に何度も続くと余分な時間が取られて仕事に支障が出るようになった。

そこで幸之助は、まとめ買いすることを思いつく。煙草の銘柄は分かっていたので前もって購入しておけば、頼まれた時にすぐに手渡せる。しかも当時、煙草を二十個まとめ買いをすると、一個おまけしてくれていた。つまり、一個分の利益が見込めるのだ。さっそく幸之助は、自分の給金でまとめ買いを始めた。常連客の反応は上々だった。わざわざ店主に「君の所の坊さんはなかなか偉い子供やなあ。末は偉くなるやろう」と話す常連客もいたほどだ。後の経営の神様の片鱗がみえる。

煙草は月に五十個から六十個も売れた。多い時には煙草の儲けは、幸之助の給金の四分の一にも達した。当初の思惑通り、一挙三得を実現した幸之助は、自分を誇らしげに思ったことであろう。

まとめ買いを始めてから半年ほど経ったころ、幸之助は店主から呼び出しを受ける。

「おまえ、もうやめとけ。皆があれこれ言うんで、わしもつらいんや」

店主の「皆があれこれ言う」は、幸之助の小僧仲間が「常連さん相手に金儲けをしている」と告げ口したことを指している。この世の中は、いわば人間の妬《ねた》みと嫉《そね》みで回っているようなものだ。他人の成功を喜ばない人間も、けっして少なくない。新参者の幸之助の評判がお客の間で良くなったり、また常連客相手に金儲けすることは、先輩たちにとっては許しがたいことであったろう。

店主の忠告に従って、煙草のまとめ買いを即刻止めたものの、幸之助の心には割り切れないものが残った。

「もし前もってみんなにまとめ買いの話をして、みんなで始めていたら、同じようなことになっていただろうか」

私は松下電器の取材を始めた当初（一九八七年）、この体験から幸之助はたとえ意図しなくても結果として利益を独占することになれば、必ず周囲の反発を買って失敗することを学んだと考え、松下の経営理念「共存共栄」の原型になったと判断した。しかしその後の取材で、それに加えて幸之助は「生き抜く知恵」を得たのではないかと考えるようになった。それは、生き抜くには「(周囲の)顔色を窺う」ことの大切さを学んだことである。

一般的に「顔色を窺う」ことは、主体性のない態度を指すものとして悪いイメージで受け止められている。しかしここで言う「顔色を窺う」とは、いまでいうなら、「空気を読む」ことである。

煙草のまとめ買いでは、幸之助は同僚の「顔色を窺う」ことに失敗した。店内の、職場の「空気を読む」ことに考えが至らなかったのである。だから、不満を抱いた同僚から店主に告げ口をされ、まとめ買いを止めざるを得なかった。

もし途中で職場の空気が読めたら、幸之助は改めて同僚に声をかけ、一緒に煙草のまとめ買いをして儲けを分配したであろう。途中からでも、このように改めることが出来れば、おそらく告げ口もなかっただろうし、自分が手にするまとめ買いの儲けは減っても止めさせられる事には至らなかったであろう。

しかも地主一家の暮らしから没落し、溺愛してくれた両親からも離れてひとり丁稚奉公に励む幸之助には、身近に自分を守ってくれる人間は誰もいなかった。その頃の幸之助は、弱い存在だったのだ。その弱い彼が生きていくには、しっかりと周囲の顔色を窺うことを覚えなければいけない。それが、十歳の幸之助が得た大きな教訓だったろう。

悲願の「松下家再興」

もうひとつのエピソードに、父親とのものがある。

松下幸之助の人生観に強い影響を及ぼしたのは、誰よりも父の政楠である。母の元を離れた幼い幸之助にとって、大阪で何かにつけて頼りにしたのは父親だった。

自転車屋に勤め始めて最初の課題は、自転車に乗れるようになることだった。幸之助も練習に励んだが、元来腸が弱い彼にはペダルを踏む時に力みすぎて粗相をすることがあった。汚れたままでは店に帰るわけにもいかず、そんな時には必ず父親が勤める盲唖学校へ駆け込んだ。

そんなとき、政楠は泣きじゃくりながら理由を説明する幸之助をいたわり、便で汚れた彼と自転車の始末をしながら、必ず人生の目標を与えることを忘れなかった。

「出世しなければならん。昔から偉くなっている人は、皆小さい時から他人の家に奉公したり、苦労して立派になっているのだから、決してつらく思わずよく辛抱せよ」

そうした父の思いを、幸之助はのちにこう書いている。

《父は先祖から受け継いだ多少の財産をなくしたことを済まぬと思うとともに、一人残った男の私の出世を、どんなにかして、と強く期待しておったことが、今静かに考えてみるとよくわかるのである》（『私の行き方考え方』より）

長男を亡くした政楠にとって、遺された幸之助だけが松下家再興の「希望の星」であり、頼みの綱である。「出世しなければならん」という政楠の言葉には、早く一人前の商人になって松下家を再興して欲しいという彼の気持ちが集約されている。明治三十九年当時、政楠は五十一歳。厚生労働省の資料によれば、当時の平均寿命は男性で四十四歳、すでに彼には先が見えていた。「松下家再興」を悲願とする政楠にとって、その兆しだけでも自分の目で確かめたかったに違いない。

他方、政楠・とく枝夫妻を襲った不幸――相次ぐ我が子の死は、終わったわけではなかった。幸之助が就職して二年目の明治三十九年、四月に四女・ハナ（十七歳）が、五月には三女・チヨ（二十一歳）が相次いで急死し、そして九月には政楠本人（五十一歳）が病死するのである。何かにつけ父親を頼りにしていた幸之助にとって、政楠の死がかなりの精神的な打撃となったことは想像するに難くない。

残されたのは、母のとく枝と幸之助、五女のあい、そして大阪の亀山家に嫁いでいた長女のイワの四人。松下家は、わずか十年の間に家族が半分以下になってしまうのだ。政楠の葬儀後、とく枝は五女のあいを連れて、和歌山に戻る。彼女にとって、夫のいない馴染みの薄い大阪よりも住み慣れた和歌山が恋しかったのであろう。

和歌山に戻ったとく枝は、その後再婚する。そして五女・あいも、地元の有本家に嫁ぐことになる。こうして松下家は、政楠に代わって戸主、家長となった幸之助ひとりしかいない状態になるのだ。

家長となった幸之助には、ふたつの大きなプレッシャーがのしかかる。

現在と違って、強固な「家」制度で成り立つ社会では家長の権限は強く、そして責任も重かった。家長の許しがなければ、結婚も法的には認められなかった時代である。家長として「松下家再興」を果たす使命を負った幸之助にとって、父・政楠の「商売をもって身を立てよ」は彼の人生で最大かつ最終的な目標となった。それは、五代自転車商会からの独立、ないし別の道を模索し起業家になることを意味した。

わずか十一歳とはいえ、幸之助にはそれが途方もない苦難の道であることぐらいは分かったはずである。どうしたら商売で成功できるか、それにはどんな商売がいいのか——絶えず幸之助の頭を支配した。その意味では、松下家再興は家長・松下幸之助にとって計り知れない重さを持ったプレッシャーであったろう。

もうひとつは、自分も兄弟と同じように「若死」するのではないかという恐怖である。もともと腸が弱く、なにかにつけ寝込むことの多かった幸之助にとって、兄弟の若死はやがて自分にも訪れる運命と思えたに違いない。しかしそれは同時に、「松下家の血」が絶えてしまうことである。ここでも松下家再興のため、幸之助には生き残ることが求められた。

この二つのプレッシャーと戦いながら、松下幸之助は起業家の道を歩かなければならなかった。十一歳の子供には、過酷過ぎる試練と言わざるを得ない。

五代自転車商会で働き出して六年目、明治四十三年、松下幸之助は自分の進むべき新しい道、新しい仕事と出会う。

《大阪市は全市に電鉄を敷設し、交通網整備の計画をたてた。そして梅田から四ツ橋を経た築港線は全通し、着々他線の工事も進んでいった。そこで私は考えた。電車ができたら自転車の需要が少なくなり、その将来は楽観できまい。同時に反面、電気事業の将来は？　とここで私の心に動揺が起こった。まことにすまぬがお暇をもらおう、そして転業しよう、と決心した》（前掲書より）

幸之助は、長姉・イワの夫、亀山長之助を通じて大阪電灯（現、関西電力）に内線工として入社する。ここから幸之助と「電気」との長い付き合いが始まる。

「任せる経営」

松下幸之助は明治四十三年十月に「見習い」として大阪電灯に入社、約七年間勤務する。その間、内線係の見習いから内線係（担当者）、検査員へときわめて順調に昇進を続ける。高い評価に彼自身も素直に喜び、充実感を感じる日々だった。

その反面、十代の幸之助にとって精神的に耐えがたい出来事が連続して起きていた時期でもある。幸之助が大阪電灯に入社した年、和歌山に戻った母・とく枝に縁談が持ち込まれていた。相手は、かなり経済的余裕のある人物だったようだ。

「松下家再興」を父・政楠同様、母・とく枝からも期待され、それに応えようとした少年・幸之助にとって、母親の再婚は再興すべき松下家に誰も居なくなってしまうことを意味した。残された姉たちは他家へ嫁いでおり、母親だけが幸之助と松下家を具体的に繫ぐ唯一の存在だったからだ。そしてその母も、三年後の大正二（一九一三）年八月、病死する。享年五十七。再婚しても会いたくなれば、会いに行けないことはない。しかし母親の死で再び味わう喪失感は、二度と会えないという意味では、その深さがまったく違う。幸之助にとって、埋めても埋めても埋まることのない、絶望的な喪失感であったろう。

それでも、止めるわけにはいかなかった。最大かつ唯一の目的だった「松下家再興」に邁進する。仕事に没頭している時だけが、喪失感を一時的にでも忘れることが出来たからだ。それまで以上に、幸之助は仕事に膨大なエネルギーを注ぐしかなかった。その結果、彼は病に倒れる。

母の死の翌年十二月、松下幸之助は微熱を伴う「肺尖《はいせん》カタル」を患う。肺尖カタルとは、肺結核の初期の症状である。当時は結核になると、十人中八、九人は間違いなく死んだ時代で、結核は不治の病の代名詞だった。二人の兄と一人の姉を結核と思われる病気で失っているため、医師から肺尖カタルと診断されたとき、幸之助の不安は頂点に達する。後に彼は「これはもう自分の番がきた、くるものがきたなという感じがして、心がなにか重苦しくなったものである」と、正直な気持ちを吐露している。この時に初めて幸之助は、自分の「死」というものを身近に感じたに違いない。

医師は三カ月ほどの休養を勧めたが、日給月給制の当時、休めばその間は無収入になる。十分な蓄えのない幸之助は会社を休むわけにはいかず、三日働けば一日休むという工夫をしながら、病を押して出勤するしかなかった。そのことが結局、病気を根治する機会を失わせることになり、将来にわたって幸之助の健康を蝕《むしば》むことになる。だが、この幸之助の虚弱体質こそが、のちの松下電器の「任せる経営」として結実していくことになる。

三人で「松下電器」を創立

病と闘う幸之助の生活を心配した長姉のイワは、所帯を持つことを勧め縁談話を持ってきた。相手は井植むめのといい、淡路島出身で高等小学校を経て裁縫学校に通い、卒業後は大阪の旧家で行儀見習いをしていた。お見合い後、話はとんとん拍子で進み、大正四年九月四日、二人は結婚した。松下幸之助二十歳、むめの十九歳だった。

井植家は淡路島に山林・田畑を持つ比較的裕福な農家であった。井植夫妻は、八人の子宝に恵まれた。一番上が長女のむめの、下に三人女が続いて誕生したあと、五番目に生まれたのが待望の男児、歳男である。次に女が生まれ、祐郎、薫と続く。のちに井植三兄弟は幸之助の下に馳せ参じ、松下電器発展の礎となる。

結婚後、幸之助は二度目の肺尖カタルを患う。前回同様、医師は再び「養生したまえ。いまが大事だ」と勧めるものの、やはり会社を休むわけにはいかなかった。結婚で生活費が嵩《かさ》んでいる以上、少々熱が出ても体力が落ちても我慢して働くしかなかった。しかしいつまでも、将来の不安を抱えて暮らすわけにはいかない。

最終的に幸之助は、将来のことを考え、そして父の教え通り、一人前の商人として身を立てる決心をする。その背景には、個人的に取り組んでいたソケットの改良が完成していたことがあった。改良ソケットを製造し、大阪電灯に買ってもらう算段だったのだ。

松下幸之助は、大正六（一九一七）年六月、大阪電灯を退職した。

すぐに改良ソケットの開発・製造にとりかかるのだが、作業場は幸之助夫妻の住まいだった猪飼野《いかいの》（現、大阪市東成区）の借家だった、二畳と四畳半の二間しかない自宅で、四畳半を土間に改造して作業場としたのである。そのとき、幸之助は淡路島から高等小学校を卒業したばかりの十四歳の井植歳男を呼び寄せている。また職場の同僚だった二人も、幸之助の仕事を手伝うことになっていた。

しかし幸之助の思惑は外れ、改良ソケットはまったく売れなかった。わずかな資金で始めた事業はすぐに苦境に陥り、それを見た二人の元同僚は幸之助のもとを去り、残された幸之助と歳男の二人で仕事を続けるしかなかった。そんなとき、扇風機の碍《がい》盤《ばん》の大量注文が舞い込み、ひと息つく。しかも品質の良さが評価され、さらなる大量注文を得ることになった。本来の仕事ではなかったが、先が見えてきたところで幸之助は思いきって、広い作業場を求めて移転する。

大開町《おおひらき》（現、大阪市福島区）に求めた借家には一階に三間、二階に二間あり、六坪ほどの前栽が付いていた。猪飼野よりも三倍ほどの広さだった。幸之助は一階の床を落とし、三間をひとつの作業場に改造して十畳ほどの広さを確保した。作業場の設備には小型プレス機械が二台あるだけで、人手は幸之助、妻のむめの、義弟の歳男の三人だった。

この場所に松下幸之助は、大正七年三月七日、配線器具製造の会社「松下電気器具製作所」（個人経営）を創立した。ここから松下電器産業（現、パナソニック）の九十五年の歴史が始まるのである。そのとき、幸之助は二十三歳、むめの二十二歳、井植歳男は十五歳だった。

有力メーカーの仲間入り

この時代に改良アタッチメントプラグや「二股ソケット」で有名な二灯用差し込みプラグといったヒット商品を生み出し、事業の基盤を築いていく。その後も世の中の好不況に左右されることなく順調に事業を伸ばしていき、販路を関東にまで伸ばし東京出張所を開設するまでになった。

そして大正十二年には、大ヒット商品となる「砲弾型ランプ」を発売する。

自転車用の灯火にはローソクや石油ランプ以外にも電池式のものがあったが、二〜三時間しか持たず、しかも故障が多く高価だったことがネックになっていた。それに対し、砲弾型ランプは従来タイプの十倍以上も長持ちし、故障も少なかったことが決め手となった。さらに昭和二（一九二七）年には、自転車だけでなく歩行用にも使える手提げ付きの「角型ランプ」の発売に踏み切る。このとき、初めて「ナショナル」ブランドを採用したため、「ナショナルランプ」と呼ばれた。ナショナルランプは携帯に便利な光源として全国津々浦々の家庭に利用されるようになり、翌年には月産三万個を突破する。

その後も事業は順調に拡大し、取り扱う製品品目もランプ以外に電池やアイロン、ラジオ（受信機）、小型モーター、配線器具などと増え続け、昭和十年には約六百種類に達していた。従業員数は約三千五百人、年間売上高約一千二百万円。販路も日本国内だけでなく朝鮮や台湾など海外まで広がり、創業からわずか十七年で有力な電気器具メーカーの仲間入りを果たすまでになった。そしてこの年、松下幸之助は個人経営から株式会社に改組し、社名も「松下電器産業」と改めている。

「綱領」「信条」制定と「事業部制」の導入

事業の急速な拡大に対応するため、幸之助は本社を大開町から現在の門真市に移すとともに本店・工場の建設、さらに工場の増設など生産体制の充実に心血を注いだ。それと同時に、急増する従業員のモチベーションを高め維持させるためと、目的意識の共有、スムーズなマネジメントを行うための組織作りにも着手していた。前者は「綱領」と「信条」の制定（昭和四年）であり、後者は「事業部制」の導入（昭和八年）である。

綱領とはいわば経営理念のことであり、信条とは従業員に求める心構えみたいなものである（なお、分かり易くするため当用漢字と現代仮名遣いに直している）。

・綱領

「産業人たるの本分に徹し社会生活の改善と向上を図り、世界文化の進展に寄与せんことを期す」

・信条

「向上発展は各員の和親協力を得るに非ざれば得難し　各員至誠を旨とし一致団結社務に服すること」

松下電器が会社の利益（お金）のためだけでなく「社会生活の改善と向上」と「世界文化の進展」（社会貢献）に寄与する働き甲斐のある会社だと従業員に明示することで、幸之助は会社の目的と個人のそれを一致させようとしたのであろう。たしかに人間は、時にはお金よりも社会的な意義や評価がモチベーションに大きく左右する生き物である。

具体的には、幸之助は実業人の使命は貧乏の克服にあると説く。貧乏の克服は、物資の生産につぐ生産で富が増大されることによって達成されると考える。つまり、大量生産こそ、松下幸之助と松下電器の使命というわけである。たしかに「モノが不足した」当時では、従業員のみならず多くの国民にアピールする訴えである。

さらに幸之助は、企業の増産の使命を宗教と結びつける。

幸之助によれば、「精神的安心」(宗教)と「物質の豊富さ」(経営)の二つが揃って、人間の幸福が維持・向上するものだから、両者はクルマの両輪のような存在だというのである。それゆえ、増産は「聖なる事業」であり、それを実行する経営は「聖なる経営」ということになる。そして彼は、聖なる経営とは「水道の水」であるという結論に辿り着く。

そこから《生産者の使命は貴重なる生活物資を、水道の水のごとく無尽蔵たらしめることである。いかに貴重なるものでも量を多くして、無代に等しい価格をもって提供することにある。かくしてこそ、貧は除かれていく。貧より生ずるあらゆる悩みは除かれていく》(傍線、筆者。『私の行き方考え方』)という「水道哲学」を生み出すのである。

他方、事業部制そのものは、海外では一九一七(大正六)年に米化学会社のデュポンが採用したのを皮切りに自動車メーカーのGMなど多くの企業で取り入れられていた。事業部制は複数の事業を展開する巨大企業が硬直しがちな組織の問題を解決する方法として考え出されたもので、事業単位ごとに組織編成し、その事業部にひとつの会社とほぼ同じ機能と権限を与えることで迅速かつ柔軟な対応を期待したものだ。

しかしながら、松下電器の事業部制は、名称は同じでも、採用動機や目的にはかなりの隔たりがある。しかも当時の松下は、少なくとも大企業ではなかった。むしろ松下の場合、幸之助の個人的理由から生まれたものと言える。「私自身も一人では、どれもこれも、よく分かるということはできない」と控えめな表現だが、虚弱体質のため年に数回は熱を出しては寝込むということを繰り返してきていた幸之助にとって、遅かれ早かれ、急成長する松下の経営を彼ひとりで取り仕切るのではなく信頼する幹部に「任せる」必要があった。

そこで幸之助は事業部制を導入し各事業部長に経営を「任せる」のだが、これには暗黙の了解があった。それは、任された者が幸之助の目となり耳となり、手となり足となることだ。そのうえで幸之助の考える通りの経営を実行することである。間違っても「任された」以上は、業績さえ上げればいい、自分の思い通りの経営をしたいと考えてはならなかった。そのような自由裁量は、相手が誰であっても幸之助は認めなかった。

そのため幸之助は、自分の考えや経営観を従業員に浸透させることに腐心した。たとえば、「松下電器の遵奉すべき五精神」（のちに二精神を追加し、七精神）を定めるとともに各事業所で「朝会・夕会」を実施させ、綱領と信条、五精神を唱和させるなど様々なセレモニーを有効に使った。

これが今日に続くパナソニックの「任せる経営」の本質なのである。

急成長のわけ

個人経営から株式会社に改組した昭和十年は、松下幸之助にとってもうひとつの大きな意味を持つ転換点でもあった。それは「松下電器産業株式会社」（親会社）を持株会社とし、事業部を分社化して九つの完全子会社にしたマネジメント体制、つまり「財閥」の体裁を整えたことである。規模の違いこそあれ、当時本社制を採っていた三井、三菱、住友など財閥と呼ばれた企業グループと同じ形態である。

短期間でここまで急成長を遂げるには、松下幸之助が経営トップとして膨大なエネルギーを注ぎ込まなければ不可能である。そしてそのエネルギーの源泉となったものは、彼に宿痾《しゅくあ》のごとくまとわりつく「血」の問題であった。

個人経営の「松下電気器具製作所」を設立した翌大正八（一九一九）年、和歌山に戻り有本家に嫁いでいた五女のあいが二十八歳の若さで急逝したうえ、二年後には幸之助の親代わりを務めていた長女のイワ（四十八歳）が病死したのだ。そのとき、幸之助は二十六歳。二十代で彼は、いわば天涯孤独の身となったのである。

家長として「松下家再興」が最大かつ究極の目標だった幸之助にとって、改めて自分の死と松下家の血が途絶えてしまうかも知れないという恐怖が現実味を帯びて感じられたであろう。その恐怖から逃れるためにも新しい電気製品の開発や事業の拡大に寝食を忘れて取り組むしかなかった。繰り返しになるが、幸之助の血が絶えるかもしれないという恐怖心が急成長の原動力であり、松下電器の成長そのものが「松下家再興」に直結している点が、他のメーカーなどと大きく異なる点であることを強調しておきたい。

「家族経営」の原点

天涯孤独の幸之助にとって、大正十五年に長男・幸一を授かった時には天にも昇る気持ちであったろう。彼には結婚八年目に誕生した長女の幸子がいたが、「松下家の血が絶えるのではないか」という恐怖感から解放されたという意味では、待望の男児誕生であった。しかも幸一は、頑健な井植家の血筋を引いたこともあって、丸々と太った健康優良児で三越百貨店が主催した「赤ん坊審査会」で最優良児として表彰されたほどだった。そのことは、虚弱体質の家系に悩まされた幸之助にとって望外の喜びであった。とにかく幸之助には、幸一が可愛くて仕方がなかった。

ところが、幸之助の「幸せの絶頂期」は一年と続かなかった。翌昭和二年二月四日、幸一がこの世に生を授かってからわずか三百日足らずで急死したからである。風邪から脳炎を併発し、十四日間の昏睡状態の後の死だった。幸之助は、幸一の死に対する思いをこう書いている。

《子を持って知る親の恩ということがあるが、いま一人の子を失っただけで相当精神的なショックを受けたことから、（中略）亡き両親が、成年まで育て上げた私の兄や姉たちを相ついで亡くしていったその心中を偲び、いい知れぬ寂しさを味わったものであった》（『私の行き方考え方』より）

亡き両親の心中に寄せる形で自らの気持ちを「いい知れぬ寂しさ」と、つとめて冷静に述べているが、おそらく世の中の不条理に心が折れるような思いであったろう。兄や姉が相次いで他界し両親までも失ったことは、幸之助に埋めきれないほどの大きな喪失感を与えた。それを埋めるために仕事に専念し、事業を成功に導くため必死にもがき続けた。しかし彼の喪失感が、埋められることはなかった。それはあたかも、底なし沼を埋めるかのような作業の繰り返しであった。

幸一が逝去した昭和二年、幸之助は長姉・イワの夫、つまり義兄の亀山長之助、その息子の武雄、和歌山の有本家に嫁いだ五女・あいの夫、有本昇三の三人を相次いで松下電器に入社させている。その後も、井植歳男の弟二人、次男・祐郎、三男・薫を入社させている。祐郎は井植三兄弟の中で一番物静かで、学校の成績もずば抜けて優秀、優等生であった。薫はめっぽう数字に強く、幸之助に呼ばれて入社のため大阪に出向いたとき、持参したのはソロバンひとつだったというエピソードが残されているほどだ。

こうして松下家に代わって、幸之助の会社はひとつの共同体のごとく井植家や親戚が集い、支える体制が整っていくのである。いや、家庭や家族の愛に恵まれなかった幸之助にとって、会社を家庭に、従業員を家族に見立てることは至極自然なことであったろう。

のちに幸之助は、自社製品を嫁入り前の我が娘に見立てて、市場に送り出すとき、花嫁を見送る親の気持ちで大事にしなければいけないと説いている。当初は、幸之助特有の喩《たと》えと思っていたが、最近は本当にそう思っていたのかも知れないと考えるようになった。つまり彼にとって、会社は家庭なのである。

その意味では、「家長として」松下幸之助が松下電器を「家庭」のように差配しようとしたとするなら、綱領も信条も五精神も「家訓」である。いや、後の水道哲学をはじめ幸之助の教えはすべて「家訓」であり、社員・幹部を問わず誰もが守らなければならない戒律なのである。

ちなみに、その「家庭」でもっとも幸之助を支えたのは夫人のむめのである。住み込み店員制をとっていたころ、賄いから店員の躾《しつけ》まで一手に引き受けていたのが、むめのだった。当初は会社の経理まで担当しており、幸之助の旺盛な事業欲から生じる必要な資金を実家や親戚縁者から調達したのも、むめのだったと言われる。松下幸之助の事業は、井植家の物心両面のサポートによって成り立っていた。これが松下電器の「家族経営」の原点といえるだろう。

「軍部の顔色」を窺う

昭和十一（一九三六）年二月の「二・二六事件」以降、日本は日々、軍事色を強めて行く。そうした世情のなか、松下電器が生き残っていくためには、日々発言力を増していく軍部との関係を抜きにしては考えられなかった。三井や住友などの大手財閥には、その誕生から政府との深い繋がり、つまり「政商」としてのバックボーンがあったが、丁稚奉公からのし上がってきた松下幸之助と松下電器にはどこにも有力なスポンサーはいなかった。そんな幸之助にとって、軍部との結び付きを深めることは必然であった。

つまり、「軍部の顔色」を窺ったのである。

民需から軍需へ事業の比重が移っていくなか、昭和十五年に幸之助は一人娘の幸子を平田栄二伯爵の次男・正治に嫁がせる。正確に言えば、正治を松下家の跡取りとして婿養子に迎えたのである。しかし二人の結婚式で、両家の来賓・招待客のリストを見比べて幸之助は改めて格式の違いを思い知らされる。また、宮内庁が松下家の家系や身辺を執拗に調べたことに対し、妻のむめのが「なんでそこまで……」と困惑したほどだったというから、まさに分不相応な結婚と見られていたのである。

松下幸之助は松下側の出席者が平田家と比べて見劣りしないようにと、野村吉三郎海軍大将、荒木貞夫陸軍大将を始め多くの軍人を松下家側に列席させた。そのことを、のちに幸之助は「僕のほうもあまり見劣りはしなかったです」と無邪気に喜んでいるが、陸海軍の大将が出席したという事実は軍部との結び付きがそれだけ密接だった証《あかし》である。

ちなみに、昭和十五年以前の海外進出は朝鮮、中国、台湾合わせて五カ所だったものが、それ以降では台湾、ジャワ、フィリピンなどにも広がり、十二カ所に急増している。

それにしても、軍部が配線器具からスタートした弱電メーカーに過ぎない松下電器に「木製」の飛行機と船の建造を求めてきたとき、軍の方針に違和感を覚えなかったのであろうか。竹槍で爆撃機を落とせると言うぐらい馬鹿馬鹿しい話である。しかし幸之助は、松下造船と松下飛行機を設立し、軍の要請に応じている。

途中で「顔色を窺う」相手を間違えたと幸之助が気づいたとしても、もはや降りるに降りられなかったのかも知れない。軍は命令するだけで済むが、工場の建設費用など必要な資金は、幸之助と松下電器が調達するしかない。松下造船は二五〇トン型「木造船」を五十六隻、松下飛行機は強化合板の「木製飛行機」を三機、終戦までに完成させた。そして終戦とともに、巨額な負債が松下幸之助の肩にのしかかってきたのだった。

「財閥指定」という最大危機

昭和二十（一九四五）年の終戦直後、松下電器産業の子会社を含めた資本金総額は三億六千万円、松下グループの従業員数は約二万四千人、海外を含む工場などの事業所は八十カ所にも及んでいた。創業以来、松下電器は最大規模に成長していた。

有力な企業グループに成長していた松下電器を、占領下の日本を統治し民主化を進めるＧＨＱ（連合国軍最高司令官総司令部）が見逃すはずがなかった。松下電器は、各種の制限指定や統制を次々と受けることになった。

もっとも痛手となったのは、松下電器が「制限会社」の指定を受けて全資産を凍結されたこと、松下家が「財閥家族」の指定を受けて松下本社および子会社関係の持ち株を含むすべての資産を凍結されたこと、のふたつである。このような一連の処置によって、松下家と松下電器は半身不随の状態になった。

戦後の激しいインフレで十分な生活費に事欠くことも多く、松下幸之助は友人のサントリー創業者・鳥井信治郎や江碕グリコ創業者の江崎利一などからの借金で不足分も賄った。幸之助が鳥井からもらったウィスキーをヤケ酒にして呑んで憂さを晴らしたのも、この頃である。幸之助がもっともつらかった時期で、百年近い松下電器の歴史の中で、「松下存亡の危機」と呼んで差し支えない最大の危機であった。

幸之助がGHQの制限指定の中でとくに解除を求めたのが、「財閥指定」である。松下電器は財閥会社ではない、松下家は財閥家族ではないことを説明するため、大阪からGHQが置かれている東京まで交通の便が悪い頃にもかかわらず、五十回以上も通い続けた。さらに側近の高橋荒太郎（元松下電器会長）に至っては、その数は百回以上にも及んだ。

しかしGHQは、いわば超法規的存在である。その絶対的な権力者に対し、幸之助たちの陳情がどれほど有効だったかは明らかではない。たしかなことは、戦後まもなく始まったアメリカとソ連邦という二大超大国の「冷戦」が、GHQの占領政策を大きく変更させたということである。ソ連邦や中国といった共産主義国家の台頭が周辺地区の共産化に及ぼす影響を恐れたアメリカは、「防共の砦」としての日本の軍事的な重要性を再認識したのである。

それを決定づけたのは、昭和二十五年に勃発した朝鮮戦争である。休戦ラインを挟んで対峙する北朝鮮と韓国の間で起こった戦争に対し、中国とアメリカがそれぞれ「応援」したさい、日本はアメリカ軍の兵站基地として大きな役割を果たした。そして日本も戦争特需で、経済復興に弾みがついたのである。

そうした世界情勢の変化とともに、松下家の「財閥家族」の指定解除を皮切りに昭和二十五年中には、松下幸之助と松下電器の自由な企業活動を制限していたＧＨＱの各種制限がほとんど解除されていったのだ。それにともない、松下幸之助も同年七月の臨時経営方針説明会の席上で、社業への復帰・専念を発表したのだった。

松下家三代への期待

かくして松下電器は、創業以来の最大の危機をなんとか乗り切るのだが、その間に大きな痛手を負っていた。それは、創業から約三十年間、幸之助と苦楽を共にした最高幹部の井植歳男の退社である。井植は退社後、三洋電機製作所を創業した。幸之助にとっては家族の喪失に等しい。

井植の独立に関しては、当時から「二人が仲違いしたから」とか「幸之助が井植を切ったからだ」など、とかくの噂が絶えなかった。当事者の二人は、それぞれ自著の中で「円満退社」と説明している。他方、井植の部下だった幹部は自著の中で、井植から聞いた話として、民需から軍需へと事業を転換させたのは井植だと幸之助が責任を転嫁したことが退社の真相だと証言している。

他にも井植退社の理由はいろいろ挙げられていたが、いずれも決め手に欠けているように感じた。三十年も一緒に働けば、親戚同士で遠慮のない分、対立すれば軋轢も大きくなることはよくある話である。そんな中で、幸之助の側近のひとり、丹羽正治(元松下電工社長)の説明は一番得心がいくものであった。

丹羽によれば、井植はそもそも「一国一城の主」の器の人物で、独立するのは時間の問題だったという。だから、幸之助から「任された」ら、自分の思うようにやりたいと考えてしまう。それだと、幸之助の「任せる」ルールに反してしまうから、松下から飛び出すしかなかったのだと。

たとえば、幸之助は井植が夜遅くまで仕事をするため、早起きするのが苦手なのは知っていても、朝会に遅刻することは許せなかった。朝会は毎日の決まり事(家訓)である。「家人」である井植歳男は、それに従わなければならない。また従わせるのが「家長」である幸之助の務めでもあった。他方、井植歳男は「家人」の一人とは言え、井植家の長男であり、跡継ぎである。歳男もまた井植家の「家長」として、松下家からの「分離」(独立)を考えるのは至極当然である。しかし幸之助にとって、家長として松下家再興を考えれば、長年苦楽を共にしてきた信頼出来る家人を失うことは、また彼を慕って他の家人たちが行動を共にすることは「家族」の崩壊に他ならなかった。

幸之助がとるべき行動は、再び「新しい家族」を作ることである。それも松下家直系による「家族」である。戦後の再出発となった昭和二十五年の役員構成を見ても、幸之助の親戚で経営に携わるのは、副社長で女婿の松下正治ただひとりである。このとき、正治は三十七歳、孫の正幸は四歳である。幸之助の三代目への期待が膨らんだことは、想像するに難くない。

正治を、取締役を一年務めただけで常務、専務を飛ばして大抜擢したのは、井植三兄弟や甥の亀山武雄など優秀な幹部がごっそり抜けたことも一因だったが、それ以上に松下家三代に向けた幸之助の正治への期待の高さの表れでもあった。

二人の大番頭

井植歳男は、戦前の松下電器においてふたつの役割を担っていた。ひとつは経営面で、ナンバー・ツーとして幸之助を支えたことである。もうひとつは義弟として、幸之助の気の置けない相談相手だったことである。このふたつの役割を、戦後は誰が担ったのかといえば、経営面では高橋荒太郎であり、気の置けない相談相手としては丹羽正治である。そして二人は、松下家にとって「大番頭」であった。

高橋は三十二歳のとき、十五年間勤務した朝日乾電池から「ただひとり」松下電器に移ってきた。「ただひとり」と書いたのは、経営難に陥った朝日乾電池を救済することになったとき、松下幸之助が「高橋を松下が貰い受ける」ことを条件のひとつにしたからである。高橋は朝日乾電池時代に近代的な経理制度を完成し、導入した功労者だった。その経理マンとしての有能さを、幸之助は高く評価したのだ。

松下幸之助は、高橋を「一等社員」として迎え入れた。その頃の松下本社の役員は五名で、一等社員はすぐ下に位置付けられていた。松下グループ全体でも、一等社員は十数人しかいなかった。この事実ひとつとってみても、幸之助の評価がいかに高かったかが分かるというものだ。

しかし高橋が松下幸之助に終生変わらぬ忠誠を誓ったのは、何も自分を厚遇してくれたからだけではない。松下電器が朝日乾電池を買収するさい、自分だけでなく朝日乾電池の全社員の雇用を約束し、実行した「人間味ある経営者」だったからだ。

当時は経営が悪化すれば、社員は解雇されても仕方がないと考えられた時代である。なのに幸之助は、ひとりの社員もクビを切ることなく松下グループに受け入れた。そのことに強い恩義を感じた高橋は、松下幸之助と松下電器のために自らの生涯を捧げることを誓ったという。

高橋が入社したとき、松下電器は分社制を導入していた。各分社は独立採算制のため、それぞれが独自の経理システムを採用していた。そのため勘定項目が各社違うため、連結決算はもちろん、各分社の業績比較もできない有り様だった。高橋が期待された役割は、分社に横グシを入れて近代的な経理システムに変えることであった。

高橋は分社ごとにバラバラだった勘定項目を統一し、それに従って記載することを各分社に求めることから始めた。それには経理の統一を維持し、経理担当者が誰に代わっても混乱を生じないようにすることが肝要であった。そこで高橋は、勘定項目などの経理の方針や経理制度を網羅した『経理準則』と、その準則に基づいて実際に記帳するための『記載例集』、帳簿組織の形式を説明した『様式見本』の三部作と呼ばれるマニュアルを作成した。

「経理社員制度」を確立

次に、高橋は経理を専門に見る経理社員制度を確立する。

これは、分社の経理担当社員の人事権を本社が握ることによって、その身分を保証したのである。これにより、分社の責任者（経営の責任者）が経理準則に反した場合、経理担当社員は責任者の指示を拒否し、逆に「警告」することが出来るようになった。つまり、本社に違反行為を連絡し、責任者の更迭も可能になったのだ。この監査・経理システムは、その後さらに整備され、戦後は経理本部へと発展する。

高橋は新入社員の中から彼の眼鏡にかなったものを選び、経理本部で九年間に及ぶ研修を施し、無事終えたものだけを「経理社員」として認めた。その経理社員をグループ企業や各事業部に派遣し、「経営の羅針盤」となることを求めたのだった。経理社員は数字の分析を通じて何が起きているかを把握し、それが松下の経営方針に合致するものか否かを適時判断し、たえず経理本部に報告した。

かくして高橋は、経理社員を通じて「カネ（予算）と人事」で松下グループの隅々までコントロールするシステムを築いたのである。それは、あたかも毛細血管のように松下全体に張り巡らされたネットワークでもあった。そのネットワークに高橋は、幸之助の「経営理念と方針」を流し続けた。

高橋荒太郎は、松下社内ではイニシャルをとって「A・Tさん」と親しみを込めて呼ばれた。高橋は性格が温厚で、仕事も人一倍できたため部下からの人望も厚かった。その高橋は、松下電器の中でもっとも幸之助の経営理念を理解し実践した最高幹部でもあった。

たとえば、高橋は問題が生じると、口癖のようにこう諭したという。

「松下グループのどこかに経営のおかしくなる会社があれば、それは松下経営の基本方針を忘れたからです。考え方の基本を正すことが、再建策の第一歩」

そのため「松下経営の布教師」が、高橋の別称でもあった。

丹羽正治は、松下電器（本社）の役員ではなかったが、幸之助を終始支えた高橋と並ぶ重要な幹部である。丹羽は松下の従業員が小学校卒や中学卒がほとんどだった昭和七年当時、初めて大卒社員として入社してきた、いわば生え抜きのエリートである。入社の動機は、新進経営者・松下幸之助への憧れだった。

丹羽は、かつての直属の上司・井植歳男が独立したさい、三洋入りを誘われても「僕は無能だから、（松下に）残ります」と断って、幸之助に変わらぬ忠誠心を誓った。そんな丹羽を評価したのか、幸之助は昭和二十二年、三十六歳の若さで彼を松下電工（現、パナソニック電工）の社長に抜擢している。

松下電工は、松下電器創業以来の配線器具事業を引き継いでいたため特別な存在感を示していた。株式関係でいえば、松下電器の子会社にあたるが、幸之助をはじめ多くの幹部の認識は「兄弟関係」というものであった。その松下電工が経営難に陥っていたため、丹羽を再建社長に送り込んだというわけである。

そして幸之助にとって、松下電工は本社で嫌な事があった時などに一時避難する「場所」でもあった。社長室で丹羽と雑談する時もあれば、何も言わずにただ座って考えにふける時もあった。どんな場合でも、丹羽は幸之助に合わせて一緒に時間を過ごした。

じつは幸之助は先妻を亡くしていた丹羽に再婚を勧め、相手にと女婿・正治の妹である敬子を選んでいる。昭和二十五年に敬子と結婚した丹羽は、平田家を通して幸之助と親戚になった。松下幸之助の「家族作り」は、ある意味、松下家直系というよりも、平田家を土台とした「新しい松下家」再興へと移っていった。

自前の販売会社が武器

戦後の荒廃からの再建を目指した日本の状況は、松下幸之助が唱える経営哲学「水道哲学」がもっとも有効な時代であった。

「モノ」がない時代では、生産に次ぐ生産によって「水道の水のごとく無尽蔵たらしめる」こと、それも「無代に等しい価格をもって提供」することを目的とした企業活動は、誰からも歓迎されたからである。

しかし増産を続けるには、大量に売れなければならない。幸之助が他の家電メーカーの経営者よりも優れていたのは、自前の販売網の整備にいち早く取り組んだことである。家電製品の流通機構である販売会社（問屋）や小売店は、各メーカーの製品を平等に扱う傾向にあった。しかし松下電器は、問屋に対して松下製品の専売を要請し、応じない場合は容赦なく切り捨てていった。要請に応じた問屋とは、新たに共同出資で「販売会社」を設立し、販売地域や取り扱い製品の範囲を明確にするなど地域別・製品別の強力な販売網を確立していった。

次に、小売店（地域の販売店）の系列化では、松下製品の取扱量の多い順に「ナショナルショップ」「ナショナル店会」「ナショナル連盟店」とランク付けし、松下からの手厚い援助を差別化した。松下からの援助には店内改装費や広告宣伝費、小売店に対する経営指導などがあった。松下の系列店舗数は最盛期には五万店舗を超え、現在のコンビニ・チェーンの最大手、セブン-イレブンでさえ一万五千店にも届かないことを考えるなら、まさに全国津々浦々に「ナショナル」の看板を掲げた小売店が登場したといっても過言ではなかった。もちろん、三洋電機や早川電機工業（現、シャープ）などの家電各社も系列化を急いだものの、着手の遅れから松下の販売網に対抗できるまでに至らなかった。

この強力な系列店網こそ、メーカーとしての技術力と並んで、松下電器の強力な武器となったのである。

幸之助の社長退任

昭和二十年代後半から兆しを見せていた家電ブームは昭和三十年代に入ると、好況にも恵まれて一気に加速する。昭和三十三年から家電業界は毎年三〇パーセントの高度成長を続けたほどだ。その家電ブームのピーク、昭和三十六年に松下幸之助は社長を女婿の正治に譲り、会長に退くことを発表した。

「事業の規模が大きくなるにつれて、いかに超人のごとき偉大な社長でも、自分一個人の力では、経営は円満に動かなくなってくる。とくに私のように一代で事業を育て上げた会社では、創業者としての私に頼る傾向が強くて、どうしてもワンマン経営に陥る恐れがある。この点、私自身は十分心得ているが、社内の各部門が自主的な意思によって経営されねばならない事態にありながら、実際には、やはり皆が私の一言によって事を決する場合が多いのである。その弊害に気づいて、まだ十分活動できるとは考えたが、早めに経営の第一線を退き、後継者を養おうと思った」(昭和三十六年一月、経営方針説明会)

潔い退任の弁である。

しかし新社長の正治にとって、家電ブームの下り坂から経営を任されることになり、のっけから難しい舵取りを強いられる結果になった。家電業界の伸び率は鈍化し始め、他方、政府は昭和三十九年の東京オリンピック開催を控えて過熱気味になっていた景気を抑えるため厳しい金融引き締めを行ったのである。これによって、一気に景気は冷え込み、家電業界も打撃を被る。

しかし家電業界に限っていえば、最大の原因は「過剰生産」のひと言に尽きた。家電ブームにのって、家電メーカーだけでなく東芝や日立など重電メーカーも家電市場に参戦してきた。体力のある重電メーカーは巨額な設備投資を行い、家電メーカーに劣らない量産体制を作り上げ、家電製品を増産し続けた。当然、各家電製品の普及は早まる。つまり、売れなくなったのだ。

それでもメーカー各社は、増産体制を改めようとはしなかった。たとえば、テレビの生産能力は大手一社で、業界全体の出荷台数を供給できるほど過剰設備になっていたと言われたほどだ。需給のバランスが崩れれば、価格の下落が起きる。それでもメーカーからの高額なリベートがあれば、仕入れ値で卸しても利益を確保できた。しかし市場に製品が溢れ出すと、さすがに売れずに問屋の倉庫に眠ることになる。つまり過剰供給、「押し込み販売」の結果である。在庫である限り、メーカーには売り上げも利益もない。

松下電器も昭和三十九年五月の前期決算で、戦後の再建を果たした昭和二十五年以来の減収減益を記録していた。当然、「販売の松下」を支える販売会社・代理店、小売店も業績悪化で苦しんでいた。松下の販売会社・代理店は百七十社あったが、利益を出していたのはわずか二十数社に過ぎなかった。資本金五百万円で一億円の赤字を出しているところもあった。まさに「販売の松下」の危機である。

幸之助が現場復帰

その年の七月、松下電器は熱海のホテルで全国の販売会社・代理店の社長を集めた懇談会を開いた。世に言う「熱海会談」である。主催者は、会長に退いた松下幸之助その人である。三日間にわたる懇談会で重要な点は、二つ。ひとつは販売会社・代理店からの不平・不満、厳しい苦情に幸之助以下松下の経営幹部が耳を傾けたことである。もうひとつは、販売会社・代理店に対して松下側の対応が十分でなかったと「非」を認めたことである。

そのうえで、松下電器が責任をもって解決することを約束した。

ここには「市場（販売会社・代理店）の声を聞く」という幸之助の経営の原点を見

る思いがする。それまでは、自分よりも上位の者か権力の「顔色を窺って」きた幸之助が市場の、社会の、世論の「顔色を窺う」経営へと大転換したのである。

松下幸之助は熱海から戻ってしばらくして、営業本部長が病気療養中であることを理由に「営業本部長代行」に就くことを宣言し、経営の前線に復帰した。営業本部長代行とはいえ、「販売の松下」の危機、つまり松下電器の経営危機を乗り切るために販売改革の陣頭指揮をとるわけだから、実質的には「社長」である。

幸之助の販売改革の中で「核」となったのは、「地域販売制度」である。

系列の販売会社・代理店に対し、松下製品を卸す地域を決め、その地域内の小売店にだけ製品を卸すように求めたものだ。

それまでは販売会社には決められた営業地域はなく、小売店も自分の判断で仕入れ先を決めることができた。そのため、東京の大手販売会社が松下から大量の製品を仕入れることで高率のリベートと安い仕入れ値を実現し、それを武器に北海道や九州の小売店に卸すという現実があった。その結果、その地区にある販売会社は卸し先を失い、そのうえ乱売合戦のとき、身内同士の戦いを強いられる原因となった。

それらの問題を正すのが「地域販売制度」なのだが、一番厄介な問題でもあった。

というのも、この改革を実施するには、それまでの販売会社・代理店と小売店の関係を一度白紙に戻す必要があったし、一地区に販売会社が複数ある場合、合併させるか、その指示に従わない場合は特約関係を打ち切るなどの厳しい処置をとらなければならなかったからである。いずれにしても販売会社・代理店、小売店の理解と協力なしには、販売改革の実行は困難だった。幸之助は販売会社・代理店の説得のため責任者を地区ごとに割り当てた。幸之助は本丸である大阪地区を担当し、大阪以上に重要な東京地区には営業の実力者、常務の藤尾津与次をあてた。しかし社長の正治が任されたのは、幸之助の言葉を借りるなら「比較的、手のかからん」神戸地区であった。

説明と説得は、一番抵抗が強いと予想された大阪地区から始まった。幸之助は一千二百店にも及ぶ販売会社・代理店、小売店との話し合いを、自ら先頭に立って半年間にもわたって続けた。時には、一回の話し合いに四時間も費やすこともあった。このような粘り強い幸之助の説得によって、最難関と目された大阪地区で改革の賛同を得ることに成功すると、あとは東京を始めとする各地区の販売会社・代理店、小売店の支持をドミノ倒しのごとく取り付けていったのだった。

このさい、連盟店制度を廃止し、松下製品だけを扱う、つまり専売店を「ナショナルショップ」とし、松下製品が大半を占める小売店を「ナショナル店会」（のちに解消）とした系列小売店網に再編成した。最盛期には五万店舗あった系列小売店は二万七千店舗まで減少したものの、販売網としては「筋肉質」になった。

さらに、市場にあふれる家電製品に対処するため、大手メーカー各社に生産調整を呼びかける。家電業界には当時、大手電機メーカー六社（日立、東芝、三菱、三洋、シャープ、松下）の経営首脳が定期的に集まり、情報交換を始め業界全体の問題を話し合う昼食会があった。東京の都市ホテル「ホテルオークラ」が定席だったため、「オークラ会」の名前で知られていた。その席で、幸之助は過剰生産による過当競争を防ぐため、業界全体での自主的な生産調整の必要性を訴えた。その結果、六社は足並みを揃えて、生産調整に乗り出すことになったのである。

松下幸之助の新販売体制は、熱海会談から約八カ月後の昭和四十年三月から実施された。深刻化する「四十年不況」もあって、すぐに効果が表れることは期待されていなかった。幸之助自身も、二年間は利益が上がらないだろうと予想していた。しかし一年半後の昭和四十一年十一月期の決算で、松下電器は売上高二千五百六十五億円、経常利益二百八十七億円という創業以来最高の数字を残した。赤字経営に苦しんでいた販売会社・代理店、系列小売店も次々と黒字に転換していった。

この成功によって、それまでの「昭和の今太閤」や「商売の神様」の異名から「経営の神様」が代名詞となった。

「院政」を敷く

幸之助の盛名に対し、社長就任六年目の松下正治は家電業界やマスコミなど社外から経営トップとしての手腕を疑問視されるようになった。

幸之助の退任の弁にあるように、後継者を育てるというのなら、昭和三十九年のような困難な問題が起こったときこそ、社長の松下正治を先頭に一丸となって危機を乗り切る必要があったたし、そのことで二、三年かかろうとも松下電器の将来にはとても大切なことであったはずだ。危機だからと言って、その都度、社長を退いた幸之助が登場してくるようでは、それこそいつまで経っても後継者は育たない。

あるいは、昭和三十九年の段階で、松下幸之助は正治が社長の器ではないと判断し、後継者にすることを断念したということなのであろうか。

大手新聞社の経済記者として当時、熱海会談以降の松下電器を取材してきたあるOBは、幸之助の営業本部長代行就任をこう理解したと語る。

「私の後継者選びは間違っていました。ごめんなさい。これからは、私が経営を見ます——そう宣言したと思いました。販売会社や系列小売店など幸之助信者の多かったオヤジさん（社長、店主）たちに向かって、幸之助流の言い方だったと受け止めましたね」

たしかに、松下幸之助が正治を経営者としてあまり評価しなかったことは、巷間しばしば言われてきた話である。私も取材で、次のようなエピソードに接している。

幸之助が側近に正治のことで「ほんまに、しょうのないやっちゃなあ。何やらしても、あかんたれや」とこぼしたというものから、役員会で名指しこそしなかったものの、正治と分かる表現でぼろくそに批判したという話もあった。その役員会に出席していた役員のひとりによれば、あまりの表現のきつさにたまりかねて、役員会が終わると幸之助に近づいて「あんたらは親子じゃないか。そんなこと役員会の席で言わんと、家の中で親子で話し合ってくれ」と苦情を呈したという。そのとき、幸之助は「ああ、そうか」というだけであった。ひどい噂話になると、役員会の席上で幸之助が「おまえは社長の器ではない」と叱責したあげくに正治の頬をぶったというものまでもある。

いずれにしても問題なのは、経営者としての正治の具体的な失策や間違った経営判断を指摘した話が出てこないため、幸之助がどの点で失望したのかがよく分からないことである。たしかなことは、昭和三十九年以降、松下幸之助は退任の弁とは裏腹に、経営への介入を強めていったことである。それは同時に、後継者としての正治を否定し、松下電器に「院政」を敷くことでもあった。

このとき私は、二人の松下幸之助に会ったような気持ちになった。たえず松下家と松下電器の繁栄を第一に考え、自分を抑えてきた昭和三十九年までの潔い松下幸之助と、ただただ経営への復帰に固執する昭和三十九年以降の大義を失った松下幸之助の二人である。

第三章

中興の祖 山下俊彦

大抜擢で社長就任

二十四人抜きの大抜擢

昭和五十二（一九七七）年一月十七日月曜日、松下電器産業は大阪市北区にある電機会館の「機械クラブ」で決算発表を行った。午後三時半から始まった記者会見には社長の松下正治と専務（財務担当）の樋野正二の二人が揃って、決算内容の説明に臨んだ。会見そのものは淡々と進み、例年通り平穏に終わるかと思われたところ、新任役員の発表で記者クラブ側からクレームが付いた。

社長交代という重大な役員人事にもかかわらず、記者会見に新社長が来ていないのは何故なのかというのである。しかも新社長の山下俊彦は、先輩役員二十四名を飛び越えての大抜擢人事であった。新社長の同席を強く求めるクラブ側に応じる形で、松下電器が改めて新社長の会見を開いたのは、それから約一時間後のことだった。

山下俊彦が記者会見場に姿を現すと、カメラのフラッシュが次々とたかれ、会場は足の踏み場もないほど報道関係者で埋まった。そして山下には、詰めかけた記者から矢継ぎ早に質問が飛ばされた。しかし山下は、とくに改まって心の準備をして会見に臨んだわけではなかったので、目が眩《くら》む思いだった。それまでエアコン事業部長として経験した記者会見は、せいぜい業界紙の記者に新製品の説明をする程度のものだったからだ。

このとき、新社長としての抱負を聞かれたさい、「(自分を社長に) 選んだほうにも責任がある」という、のちに話題になる台詞を吐いている。彼が社長として失敗した場合、その責任は自分を抜擢した松下幸之助にもあると明言したわけである。受け止め方によっては、開き直ったようにも映る型破りな会見となった。

しかしその言葉は、幸之助を始め松下正治ら経営首脳からの度重なる社長就任要請を固辞し続けたにもかかわらず、最後には断り切れず押し切られるようにして受諾した山下の偽らざる心境でもあった。

「記者会見やっとってもね。何でこんな目にあわないかんのかという気持ちがありましたなあ。嫌な気持ちがしました。躊躇《ためら》いどころか、（今回の社長人事については）もっと言いたかった」

翌十八日早朝、山下は大阪・伊丹空港からの一番機で東京へ向かった。大手町の経団連ホールで行われる記者会見に、社長の松下正治と臨むためである。午前中に始まった会見会場には、約二百名の報道関係者が押し寄せた。

山下の社長就任にともない、会長に退く松下正治が、大抜擢人事となったトップ人事の意図について、たんたんと語った。

「私よりかなり若く、少なくとも十年くらいは社長をやれる人でなければならないということで、慎重の考慮。相談役（松下幸之助――筆者註）と私の考えがピタリとシンクロナイズしたのが、山下君だった。山下君は、自分の意見を持って、はきはきモノを言うし、肝っ玉が据わっている。割り切りが良くて、くよくよしない。経営手腕も、エアコンを十年かけてシェア・トップ（約二〇パーセント）にまで育てるなど、並々でない。製造出身だから、製造に適切な手を打てるのは言うまでもないが、販売でもツボを得た決定・処理をやっている。序列を飛び越えた、この人事で社内に清新の気が満ちることを期待している」（傍線、筆者）

正治が語る「意図」のポイントは、二つ。

ひとつは社長の若返り、それも最低十年は続けられる若さであること、二つ目は山下新社長で、正治と幸之助の意見が一致したことである。さらに社長の若返りは、当然、高齢化していた松下の役員陣の若返りにも繋がるものと受け止められた。

のちに「山下跳び」と称される、松下電器の大抜擢人事はマスコミの恰好のネタとなった。週刊誌、月刊誌、経済誌を始めさまざまなメディアが直接、間接を問わず何らかの形で、松下幸之助が演じてみせた破天荒人事を取り扱った。「二十五番目の男」とか「青天のヘキレキ社長」といったタイトルや見出しが誌面に躍ったことからも分かるように、その意外性を取り上げることで、マスコミは松下幸之助しかスターのいなかった松下電器に新しいスターを誕生させたのだった。山下俊彦が大卒ではなく高卒であったことも、マスコミを始め社会が異例のトップ人事を好意的に受け容れる素地となった。

さらに大抜擢人事を「さすがは、経営の神様」ならでは、とマスコミが揃って評価したことで「幸之助人気」も再燃した。

それまで松下電器を覆っていたイメージは、松下幸之助に象徴される旧《ふる》い同族企業から実力主義を採る柔軟性に富んだ新しい企業へと塗り替えられた。その意味でも、「山下跳び」はプラスイメージにこそなれマイナスになるようなことはなかった。

しかし同時に、松下電器の最高権力者は誰であるかを、社会は否が応でも再認識させられることになった。それは会長でも社長でもなく、代表権を持たない取締役相談役の松下幸之助その人であることだ。さらに「役員の若返り」は社長交代だけで終わり、幸之助を支えてきた高齢の役員は全員留任した。

松下幸之助は「松下は官僚主義になっています。山下新社長で一から出直しですわ」とコメントを寄せたが、官僚主義の実態を具体的に指摘することはなかった。

「山下社長」誕生の謎

松下家以外から初めて社長となった山下俊彦は、のちに「山下革命」と評される改革を次々と打ち出し、松下電器に新しい息吹を吹き込み、その貢献から「松下中興の祖」と称されるまでになった。それは同時に、松下幸之助の経営思想や経営そのものを見直し、新たに生まれ変わらせようとすることでもあった。

例えば、幸之助にとって、会社と社員は運命共同体である。昭和七年に「創業命知元年」を宣言した時の彼の発言を見れば、会社の使命という目的に全従業員が一致団結して邁進することで個人の生き甲斐も生まれる——これが、幸之助の個人と企業のあり方である。つまり、会社の目的の延長線上に個人の目的があるという考えである。それに対して、山下の場合、個人が会社に優先する。

社長就任二年目の昭和五十三年、ちょうど松下電器が創業六十周年を迎えた年の経営方針説明会の席上、会社と個人の関係に触れて自分の考えを明らかにしている。

「さらに私見を付け加えるなら、個人の目的と自分の人生を預けている会社の目的を一致させる必要がある。さらに言えば、個人の目的、そしてその目的の延長線上に会社の目的がなければならない。それが、これからの松下電器のあるべき姿だと思います」

二人の発言から山下と幸之助の考えには、明らかに乖離が見られる。

もっと言うなら、山下の発言は幸之助の経営思想や企業観とは異質なものである。まさに、それまでの松下の「常識」にとって、コペルニクス的転回といえる。

山下には社長退任後、自らの考えをまとめた『ぼくでも社長が務まった』という著書がある。そこから彼の経営観をさらに知るため、少し引用してみる。

《その人の能力を引き出すというとき、会社にとって役立ち、貢献するというレベルで考えるのか。もっと広く考えて、その人のもてるすべての能力、全人格を活かすというレベルで考えるのか、二つの考えがあるだろう。私はこの二つのうち、もっとも大切なことは後者の視点だと思っている。全人格的な能力が発揮できれば、それは自ずと会社のためにもなるからだ。会社のことを優先したらその人は活きてこない。

人間は本当に活かされるとき輝いているものだし、働いていることに喜びを感じるものだろう。これが基本である。それが会社に役立つかどうか、経営にプラスするかどうかは、その人の問題ではなくトップの仕事である》（傍線、筆者）
《経営理念とか経営基本方針といっても、要は一人ひとりの社員がこのような使命感を持てるかどうかにかかっている。それは上から押しつけてできるものではない。やはり、一人ひとりが自分の能力を発揮できて、一所懸命努力して目標を達成し感激を味わうというところから生まれてくるものだと思う》

物がない時代に「豊かさ」を追求した松下幸之助と、物が豊富な時代に「豊かさとは何か」を問われた山下俊彦では、経営観に相異が生まれるのは至極当然なことである。ただ松下電器にあっては、その相異は山下社長が誕生するまで当然のことではなかった。それゆえ、山下の押し進める改革が幸之助の築いた「王国」すべてに及ぶことは必然だった。しかしそこまで幸之助が山下の改革を許したとは、到底思えない。ならば、山下社長誕生に一番固執したのは誰なのか。そしてその理由は何なのか——私の疑問は深まるばかりであった。

山下に固執した意外な男

山下が社長を退任して一年後、昭和六十二（一九八七）年、私は会長の松下正治に社長交代の経緯を改めて尋ねた。

「私も十六年社長をやりましたからね。もう歳も六十五くらいになっていたし、いつまでも私が社長を続けてやるよりか、この辺で新しく若い人に後継者としてやってもらいたい。社長を代わってもらって、新しい会社の発展も期すべき時じゃないかという風に私も思いましたね。誰がいいだろうかなと、いろんな人を見とったわけですね。年齢とか能力とか人柄とか、こういう点を総合的に判断し考えると、山下君が最適任であると私には思われたわけです。それで相談役（幸之助）に『誰か後任の社長を決めなければいかんのですが』と言ったらば、『それじゃ、いったい誰がいいやろうかな。君、どう思うか』と聞かれたわけです。で私は『山下君が最適任だと思います』ということを、信念を持って自信を持って相談役に言いました。そのとき、相談役は終始、何も言われなかったですね」

正治は、山下新社長の記者会見の時の山下抜擢が幸之助とシンクロナイズして決まったという発言を否定し、自らが推薦し実現したと「修正」したのだった。

さらに、言葉を継ぐ。

「ただ問題は、山下君がなかなか社長就任をウンと言ってくれなかった、ということですわ。三日間、山下君を口説いたんです。最初、彼に（社長就任の）話をした時はびっくりして『滅相もない』と言っていましたよ。相談役も『彼はどうしても受けないと言うとるで』と言われる。僕はね、そんなことを言っても他に適任者がいると思えない。僕よりも年上だったり、同じくらいの年齢だったら意味ないですよ。だから、一段と若い人じゃなければ駄目ですね。やってもらうんだったら、二期や三期じゃ困る。一期二年ですから、当然、五期十年、まあ十年とは限らないけども、十年くらいはやってもらわなかったら意味ないんですよ」

山下新社長に固執したのも、幸之助ではなく正治であった。

華族出身のリベラル

では山下自身、当初「こんな人事、誰が考えてもおかしい」と公言してはばからなかった社長就任要請を受け入れたのは、なぜなのか。心変わりした理由が「とにかく断ったら、もう会社におれんようになるわけですからね」では、いまひとつ得心がいかなかった。

何度目かのインタビューのさい、私は山下に重ねて正治からどのような説得を受けたのか、その内容はどんなものだったか、と粘り強く尋ねた。

山下は、やや俯《うつむ》きかげんに考え込んだ。当時を回想でもしているのか、しばらくしてから慎重に言葉を選びながら、何か言い出そうとした。その瞬間、彼は膝をポンポンと叩きながら、声を少し落として重そうに口を開いたのだった。

「ええ、ひとつはね。あの、僕が引き受けなかったら、相談役（幸之助）が自分で出てやるんやないかというナニがありましたわな、あの人なりに。また、第一線に出てね。だから、私が引き受けたら相談役は承知するやろうけども、引き受けなかったらですね、自分（幸之助）がやるやないかというナニがありますね。そうすると、無茶苦茶になりますわな。まあ、営業本部長が病気でね、ある期間、営業本部長を代行するのやったらええけどもね」

社長の正治には、もし山下が社長就任を固辞したら、幸之助が再び社長に復帰するのではないかという危惧があったというのである。ただ山下は、正治がそのような危惧を抱いた理由までは語ろうとはしなかった。その危惧を正治は「事実」として受け止めていたからこそ、山下の説得には必死だったし、他の適任者を考えられなかったのである。ただし正治が山下を「適任者」と考えた理由に関しては、彼なりの思惑があった。

幸之助が社長に復帰する気持ちを持っているのではないかと正治が危惧した理由を、彼の「社長十六年」を振り返る中で探してみたい。

松下正治は、大正元（一九一二）年九月十七日、伯爵・平田栄二の次男として東京に生まれた。正治の祖父・東助は、米沢藩士で明治維新の時の功労が認められて華族になったと言われる。母の静子は加賀百万石・前田侯爵の妹で、長兄・克己は妻に侯爵の中御門経恭の長女・宣子を迎えている。宣子の母・慶子は三井総領家の北家十代・三井高棟《たかみね》の長女だから、平田家は三井財閥の本家筋と親戚にあたる。つまり、松下家も正治を婿養子として迎えたことで、三井財閥の本家筋とつながったのである。

家柄は別にして、平田家と松下家の最大の違いは健康に関してである。血を誇る華族らしく、正治の両親・兄弟とも健康に恵まれている。正治には一人の兄と三人の妹がいたが、兄弟全員、無事成人している。

松下正治は、東京高校を経て東京大学法学部に進む。東京高校は、当時珍しく、公立で唯一の中学・高校の一貫教育を採用した七年制の学校であった。大学よりも高校に入学するほうが難しいと言われた時代で、それなりに受験地獄もあった。その意味では、正治は東京高校の一貫教育のおかげで、受験地獄とは無縁の高校生活を送ることが出来たと言えそうである。

しかも東京高校初代校長の湯原元一（元東京女子師範校長）の教育理念は、英国のイートン校などの教育のあり方を念頭に置いたものだったという。その影響で、東京高校の校風も「ナンバースクール」と呼ばれた旧制高校とは違って、かなりリベラルなものだったようである。

松下正治も勉強のための勉強だけでなく、大いに読書し議論を楽しみ、スポーツを愛した自由な学生生活を堪能した。正治は、几帳面な勉強家の半面、スポーツマンでもあった。中学時代は短距離走の選手で一〇〇メートルを十二秒台で走り、高校時代には水泳部にスカウトされ、神宮プールで行われる大会にも出場したほどだった。水泳部では短・中距離のエースで、一〇〇メートルと四〇〇メートルの自由形で彼の出した記録は数年間、破られることがなかった。また正治は、幼少の頃からバイオリンを習っており、クラシックを始め音楽にも造詣が深かった。

正治は昭和十年に東大を卒業すると、三井銀行（現、三井住友銀行）に入行した。その後、幸之助の一人娘・幸子との結婚が決まった昭和十五年、几帳面な正治らしく満五年の勤務となるように四月二十二日付けで退職すると同時に、松下電器に入社している。

「六十五歳限界説」

華族の次男、三男が養子になること自体、それほど珍しい時代ではなかったが、それでも松下家は平民であり、しかも成功したとはいえ、まだ町工場に毛が生えた程度の大阪の企業に過ぎなかった。電機といえば、なんと言っても日立・東芝が一流企業であった。そのため、正治との養子縁組には「松下は血を買った」という風評が後を絶たなかった。そのことは、幸之助としても気になっていたようだ。

《昭和十年代になると、僕も中堅企業の経営者としてちょっとは名の知れた存在になっていて、一人娘に対する養子縁組の話はずい分とありました。そんななかに正治の話が舞い込んできたんです。こっちが望んだのじゃないが、調べてみたらあんまり悪くはない。ということで、とんとん話が進み、あれよあれよという間に話が決まってしまいました。（中略）この結婚は、まあ、どっちかというと畑違いですわな。その時分、われわれ商売人は、商売人の家から養子をもらうのが普通と考えられていたので。世間からとかくの声もありましたが、これも一つの運命であったと思っています》（傍線、筆者。『道は明日に』）

松下幸之助にとっても、未来の息子、将来の松下電器の後継者として正治に期待するところが大きかったのであろう。正治と幸子の結婚が決まると、東京に住む正治を三度にわたって大阪へ呼びつけ、帝王教育を試みている。商売とは何か、松下商法とはどういうものなのかといった経営に直接結びついた話から、時にあるべき物の見方や考えかた、人生観など広範囲に及んだ。

ただ、エリート銀行マンだった正治に幸之助の思いが届いたかどうか、あるいは届いたとしても受け止めることが出来たのか、それらは確かめようもなかった。

松下正治が松下電器の経営陣に初めて名を連ねるのは、昭和二十二年十月である。監査担当の取締役で、現業を任されていないのは「傷」を付けたくないという幸之助の配慮のあとが窺える。そのとき、正治は三十五歳だった。

そして翌々年八月、常務、専務を飛び越えて一挙に代表取締役副社長に就任する。この慌ただしい出世は、井植歳男の独立にともない多くの幹部が松下を去ったことから生じた異例の人事でもあった。

昭和三十六年一月に松下電器の社長に就任したとき、正治は四十八歳、幸之助は六十六歳だった。そして幸之助が営業本部長代行として一時的に前線復帰した昭和三十九年八月では、正治は五十一歳で、幸之助は六十九歳である。

企業取材を始めてから四半世紀が過ぎた私には、ひとつの持論がある。それは、会長であれ社長であれ、いま流行のＣＥＯ（最高経営責任者）であれ、経営のトップの引き際は六十五歳が目安になるというものである。経営トップの激務に耐えうる年齢は精神的にも肉体的にも六十五歳前後が限界であり、さらに言うなら、知的な意味で的確な判断力は六十五歳前後から衰え始めるというものだ。

多くの経営者や経営幹部をインタビューしてきた私の偽らざる実感であって、格別統計を取るなどしたわけではない。たしかに個人差があって、七十歳近くになっても十分に経営トップの責務を果たされている方がいないわけではない。しかしそれは、あくまでも希有な例であって、誰もが可能というわけではない。

私の持論から言えば、松下幸之助が昭和三十六年に社長を退任し、正治にバトンタッチしたのは理想的な交代である。しかし幸之助は、三年半後に「営業本部長代行」という肩書きではあったが、実質的には「社長」として復帰し、陣頭指揮を執った。そして見事に問題を解決し、社会的な評価を一身に集めた。しかも四十年不況を乗り越えたあと、第二次家電ブームが訪れたため、松下電器の快進撃が始まる。そのため、昭和三十九年の系列販売網問題をきちんと総括する機会を失うことになった。

「水道哲学」の行き詰まり

自慢の系列販売網が行き詰まった最大の理由は、松下幸之助の経営理念「水道哲学」が時代にそぐわなくなったことである。幸之助は「生産者の使命は貴重なる生活物資を、水道の水のごとく無尽蔵たらしめることである。いかに貴重なるものでも量を多くして、無代に等しい価格をもって提供することにある」と主張し、実践した。ただ松下電器以外の電機メーカーでも大量生産を始めたため、需要以上に製品を市場に供給することになり、いくら安売りしても売れず在庫の山を築くことになった。

つまり、「水道の水のごとく無尽蔵たらしめる」ことは、メーカーや流通に携わる問屋や小売店などの経営を破綻させるものになってしまっていたのだ。物がない時代に少ないメーカーが細々と生産していたのなら、幸之助の「水道哲学」も意味があったかもしれないが、もはや時代は変わってしまったのである。

そこで幸之助は、他の主要メーカーに声をかけて業界全体での生産調整に乗り出す。さらに系列販売網を見直し、系列小売店がメーカーが決めた定価を守り、安売りをしないように求めた。つまり、問題解決のために、水道哲学と真逆のことを実行したのである。

代わって前面に打ち出されたのが「共存共栄」である。メーカーと流通、ひいては消費者にも「得」になる、つまり、三方一両得を目指したのである。適正な価格で適正な利潤をメーカーと流通が得られるようにすることが、最終的に消費者にとっても「得」になるというわけである。

二つの公取委問題

しかし幸之助の改革は、公正取引委員会に目を付けられることになる。業界全体の生産調整の場となったオークラ会（六社）は、カラーテレビ普及のため一インチ一万円やリベートなどの取り決めを行った場でもあった。昭和四十一年十二月、公取委は、その行為を小売価格の協定を結んだと見なし「カルテル行為」（ヤミカルテル）があったと判断したのである。

また松下電器が、系列販売網の見直しを行ったさい、系列の販売会社に松下（メーカー）が付けた小売価格を守るように系列の小売店に指示させ、それに反して安売りをした店には製品を卸さないように求めたことが不公正な取引にあたるとして独占禁止法違反（ヤミ再販）の疑いがあるとして公取委は中止を求めた。

二つの公取委問題のさい、松下電器は立ち入り検査を受けており、このことが企業イメージを下げたことは否定できない。

しかしこの二つの公取委問題は、周囲への配慮を怠らず、たえず社会の「顔色を窺ってきた」幸之助に時代の流れや変化、その先で何が起ころうとしているかといった彼の持ち味であった先見性が失われてきていたことを教えている。

それもこれも、昭和三十九年の問題をきちんと総括できなかったことから起きたことである。しかし当時の松下電器の実情を考慮するなら、六十九歳の幸之助に頼らざるを得なかった。いくら判断力が鈍ってきていたとしても、幸之助以外に適任者がいなかったことも事実であった。

さらに問題なのは、一時的な前線復帰だったはずの営業本部長代行の職務が幸之助に経営トップとして振る舞った、懐かしい時代を思い出させたことである。営業本部長代行を終えた翌昭和四十年九月、日本青年会議所が主催する講演会に講師として招かれた。約四千三百名の出席者を前にして、ふとしんみりとした口調で話した時があった。

「私、これまで振り返ってみて、働き甲斐が本当にあったのは、四、五十人の人間を使うていた時。打てば響く経営といいますか、そこには金銭を超えた、心と心の繋がりで仕事が出来ますからな。正直なところ、大きくなった松下電器なんかやめて、昔の中小企業のころに返ってみたい……」（傍線、筆者）

さらに、このような発言を繰り返したのだった。

「個人的な話やけれども、事業をしていて一番楽しいときがありますわな。僕の場合、それが……昭和十年頃、会社組織にしようか、個人のままでいこうかという時分です。その時分が一番おもしろかったですな。楽しかったです。従業員も千四百、五百人から二千人くらいですかな。みな反対もしない。僕の言う通りみんなするし、商売もうまくいくし、大事なことは分かりますからな、すみずみまで。一番天下泰平ですわ。この頃は大きくなったことは大きくなったけれども、なかなかそうはいきまへんわな」

（傍線、筆者）

幸之助の心の振り子が、大きく「終身現役」へと揺れていることが分かる。

松下電器が「四十年不況」を乗り切ったあと、社長の松下正治は「ヤミカルテル」と「ヤミ再販」という二つの公取委問題の対策に苦慮する日々を送っていた。その解決の見通しもまだ立っていなかった昭和四十五年一月、松下幸之助は恒例の経営方針説明会で改めて「後方会長」宣言を行った。今後の社業は、社長の正治を中心とした経営陣に全権を一任するというのである。別の見方をするなら、いままでは「院政」を敷いていたと自ら認めたようなものである。

そのさい、幸之助は正治をこう評価している。

「社長を譲った当時は心配でならなかったが、この二、三年来、お世辞なしに成長したと思う。三十六年一月の社長就任当時を一〇〇とすると、三十九年八月は一二〇だったが、それから五、六年間、内輪に見ても三〇パーセントは上がっている」

幸之助の嬉しい評価である。

しかし公取委問題も解決していない昭和四十五年、今度は消費者問題に襲われる。そして問題の矢面に立って対応したのは、またもや社長の松下正治だった。適正利潤を掲げて「共存共栄」を謳う松下商法が、地婦連などを中心とした消費者運動によって「カラーテレビの二重価格問題」を契機に不当な利益を上げていると見なされるようになったのだ。そして消費者運動の矛先は、松下製品すべてを対象にしたボイコット運動へと発展した。

二つの公取委問題にしろ消費者問題にしろ、いずれも松下の経営理念の根幹に触れるものである。まさに、松下イズムの危機であった。その精神的な試練を正治を先頭に対処することで松下電器はなんとか潜り抜け、次の発展に向けて進んでいく。

「院政」の完成

しかし正治と松下電器を襲った苦難は、終わってはいなかった。

昭和四十六年のドル・ショック、昭和四十七年の時の首相・田中角栄が唱えた『日本列島改造論』による土地投機の加速、そして地価の暴騰、昭和四十八年の石油ショックでは日本は狂乱物価の渦に巻き込まれる……。

翌昭和四十九年には、その狂乱物価に企業が便乗値上げをしたため、国民生活はいっそう苦しい経済状況に追い込まれてしまう。その結果、松下電器では冷蔵庫やエアコンの値上げの延期を余儀なくされるとともに、家電業界トップ企業の社長として正治は衆院予算委員会の物価集中審議の参考人として呼ばれることになる。

二十社三団体の代表者二十三名の一人として、松下正治は衆院予算委員会に臨んだ。しかし参考人として呼ばれたにもかかわらず、あたかも狂乱物価を引き起こした張本人だと言わんばかりの質疑が集中した。正治は誠意をもって答えようとしたものの、議員の質問は孫会社の問題さえ松下電器の問題とするなど、参考人として意見を聞くというよりも糾弾の様相さえ呈したほどであった。

一方、松下幸之助は前年に会長の椅子を高橋荒太郎に譲って、自らは相談役へ退いていた。そのさい、松下の全役員が遵守すべき『会長、社長並びに現業重役諸氏への要望事項』(通称、「重役心構え六カ条」)を申し送り事項として残した。

留意すべき条項だけを挙げておく。

(一)会長、社長は真に一体になって、会社業務全般を統御していくこと。従って、各担当者が会長に言うことも会長から社長に伝達され、同様に社長に言うことも社長から会長に伝達されるように円滑な意思疎通をはかりつつ、会長、社長共に重要問題についいては、お互いが全てを知り合っておくように努めること。
(三)現業は専務、または常務どまりとすること。副社長は複数の分野を大所高所から担当する。会長、社長は経営に関しては、重要かつ基本的な問題について指摘し、指示するものとし、個々の業務に関する具体的指示をする必要のなくなることが望ましい。(各傍線、筆者)

まさに、松下の役員にとって社業上の「憲法」である。

ただ問題は、会長と社長を並列に置いていることである。つまり、松下電器の最高経営責任者が、会長なのか社長なのか、あるいは別の誰なのか、明文化されなかったことである。喩《たと》えるなら、松下幸之助という小学校の教師が、級長（会長）と副級長（社長）にお互い協力し合ってクラス運営をうまくしなさい、と言っているようなものである。穿《うが》った見方をするなら、会長の高橋荒太郎を社長の正治の「お目付役」にするとともに、社長の正治に経営の現場に関与することを禁じて、幸之助の「院政」を明文化したともいえる。

昭和五十年、松下電器は「総括事業本部制」を導入する。

これは、各事業部を製品別に「電化機器」と「無線機器」、「産業機器」という三つのグループ（総括事業本部）に再編成して、各事業部をその傘下に置くというものである。そして総括事業本部長には、副社長が就任した。

それまで事業部は社長の直轄（体制）だったから、その権限を総括事業本部長を務める副社長が奪うことになる。つまり、「重役心構え六カ条」を誰の目にも分かる組織として表したのが、総括事業本部制なのである。以後、松下電器は、幸之助―高橋荒太郎（会長）―三副社長（社長代行）というラインで運営されることになる。率直にいえば、松下幸之助の「院政」が名実共に完成したのである。

正治が山下を選んだ理由

それにしても、松下正治の社長としての「十六年間」はあまりにも不運というか、正当に評価されていないように思う。社長として陣頭指揮をとるべき不況下では幸之助や古参の役員・幹部たちのリーダーシップで松下電器の経営は進められ、合間の好況下では二つの公取委問題など本業以外のことで煩わされている。正治の経営手腕が取りざたされてきたが、むしろその場さえ、チャンスさえ与えられなかったというべきであろう。

松下正治は、総括事業本部制の導入によって「中二階」に追いやられたが、その実態はむしろ「解任」に近い。幸之助自身、正治の後継者を副社長から選ぶつもりだったと言われる。その準備のひとつが、総括事業本部制の導入で正治の社長としての権限を奪うことであった。

幸之助が正治の後任と考えた副社長は、正治と年齢で一歳程度しか違わなかった。もし彼が社長に就任したら、社長交代が正治の実質的な「解任」であることを松下電器自体が認めたに等しいことになる。

それは、松下正治にとって耐えがたいことであったろう。

そこで正治は、社長交代は受け入れるにしても「トップの若返り」という大義名分を出して対抗したのではないか。この大義名分は、幸之助といえども認めざるを得ない。だからこそ、末席のヒラ取の山下俊彦を自分の後継者に推薦したのである。しかし山下は、社長就任を固辞した。だからといって、幸之助も「トップの若返り」に賛成した以上は、再び副社長を候補にすることは出来ない。

ここで、正治は幸之助が営業本部長代行として一時的とはいえ、営業の第一線に復帰した当時を思い出したに違いない。営業本部長代行以降、幸之助の心の振り子が現役復帰に向けて大きく揺れ動いていたことを、女婿の正治が気づかないはずがない。だから、それを「危惧」する気持ちが正治に生まれたのである。

それゆえ、自分の後任は山下しか考えられなかったし、正治は山下を必死に説得するしかなかったのである。

「僕はいまから、仮面をかぶる」

松下幸之助がもっとも信頼する幹部で、正治の義弟である松下電工（当時、現・パナソニック電工）会長の丹羽正治は、二人の関係や古参の幹部たちが社長としての正治をどう見ていたかを知る数少ないひとりである。

「養子に対する物の言い方いうもんは、実子に対する物の言い方とちょっと違うやろうなと思いますね。ちょっと気兼ねするゆうかね。あまりきつく言うてがっかりさせたら、可哀想やなとか。変な言い方になりますけど、一人娘を人質にとられていますから、あまり正治さんにきつく言うて、あとで娘にあたられたらかなわん、という思いが幸之助さんにはありましたな。まあ、そうやけどオヤジも言うことは言うてますよ」

二人の関係について触れる。

「（古参の役員・幹部の）みんなや僕から見ると、オヤジはやっぱり相談役という名の社長であり、会長という名の社長である。ということで、（社長に誰がなっても）社長という名の副社長やなと。会長（時代の幸之助）がずいぶん遠慮して社長（正治）に仕事を渡すちゅうようなこと、なるべくそう仕向けるちゅうようなことを多少意識的にやっているな、という面はありました。そうは言うても、やっぱり、今まで社長に言うて、つまり幸之助さんに言うたことを今度は、それを止めて新しい社長に言いに行くよりも、前の社長、つまり幸之助さんに言うほうがラチが早い場合の方が多くて、新しい社長がやりにくかったことも、そらあるやろうと思うわ。だから、そういう時々に、新しい社長が前の社長の方がやりやすい言われてかなわんなと思うたと思います。それで、怒るわけにはいかんからね。急に変えられないですわ。また、その方がええんやからね」（傍線、筆者）

さらに、正治の気持ちを思いやる。

「オヤジの方はなるべく二頭政治をせんようにと言うてましたで、そやけど、そら僕らから見たら、僕らが用事ある時やったら、初めからオヤジの所へ行くし、とくに僕の場合であればね。それで、オヤジと話して決めてしまうということになるわけですけど、僕らから見れば、オヤジが社長になっても会長になっても一緒やと。そら、社長はやりにくかったでしょう。しんどかったというか、つまらなかったかも分からへんな。みんな、『オヤジ、オヤジ』言うて褒めているしね……。そら、どないもこないもしょうがないですね。オヤジの方が何十年という経歴を先に持っているからね。

余計かなわんでしょう」（傍線、筆者）

社長でありながら、社長としての手腕を発揮する場も機会も十分に与えられてきたとは言い難い松下正治にとっても、松下電器はけっして居心地の良い場所ではなかったようである。正治のゴルフ仲間で親しい経営者のひとりは、正治の孤独をこんなエピソードで教えてくれた。

「正治さんは、僕らとゴルフをしている時は、本当に楽しそうにしているんですよ。でもゴルフが終わって、帰る時が来たら、必ずこう言うんです。『僕はいまから、仮面をかぶる』って」

幸之助と正治の決定的な行き違い

松下幸之助と正治の二人にとって、松下家の再興＝松下電器の発展・永続、そのための正幸の松下電器社長就任は最大の目標であり、何よりも優先されるべき「価値」であり、共有してきたものではなかったのか。その二人が、どうして抜き差しならないところまで来てしまったのであろうか。

松下正治の社長としての経営手腕がしばしば取りざたされてきたが、私は経営者としての能力云々だけで幸之助が彼を評価したとは思えない。むしろ二人の生まれ育ちがあまりにも違い過ぎることが、両者の関係悪化の最大の原因ではなかったかと考えている。いわゆるソリが合わないとか、相性が悪いといった感情に由来するものだ。

人間は感情の動物である。一時的ならともかく、一生の付き合いとなったら、我慢にも限界がある。人を評価するさい、出来るだけ長所を見るようにしてきた幸之助とはいえ、身内となれば、少し違うのかも知れない。

丹羽正治は松下幸之助の生き方を「オヤジは仕事が趣味というよりも、むしろ仕事が生き甲斐と言ったほうが適切」という。たしかに、三百六十五日二十四時間、仕事のことを考え続けてきたのが幸之助の生き方と言えるかも知れない。松下家の再興というプレッシャーや両親や兄弟を若い頃に相次いで失ったことで生まれた「喪失感」は、仕事に専念している時にだけ忘れられるものだったからだ。

他方、松下正治は幼少時から絵画や音楽に親しみ、スポーツも水泳、ヨット、ゴルフを楽しんできた。松下電器に入ってからも、銀行時代の習慣なのか、いまでいう「オンとオフ」を明確に区分するところがあった。社長に就任してからも土曜日・日曜日の休日はきちんと休むところがあった。だから、たとえ急ぎの用件であっても休日に正治の自宅を訪ねた社員や幹部を「会社が休みの時まで自宅に仕事を持ってくるな」と言って追い返すこともあった。

しかし幸之助からすれば、これはとんでもないことだ。系列の小売店は休日が稼ぎ時である。お客からの苦情や問い合わせがあれば、松下に連絡する。それが重要なことであれば、幹部はたとえ休日であれ祭日であれ、判断を仰ぐため正治の自宅を訪ねるしかない。正治が取り合わなければ、幸之助の自宅に回るしかない。そのうち、手っ取り早いということで、休日や祭日には直接、幸之助を訪ねることが常態化する。販売会社・代理店、小売店など系列店を大切にする幸之助にとって、接待はトップの大事な仕事のひとつである。幸之助は、宴会を催す時など必ず招待客が到着する前に会場に姿を見せ、たとえば用意が整っていても自らお膳や座布団などがきちんと並べられているかを一つ一つ確かめた。参加者一人ひとりに必ずお酌をして回り、座を盛り上げるためには自ら黒田節など踊りを披露することさえ厭《いと》わなかった。

松下正治は下戸のため、松下電器に入社して一番苦しかったことは販売会社や代理店などの接待で飲めない酒を無理矢理飲まされたことと答えている。学生時代からシングル・プレーヤーの腕前のゴルフも、幸之助にすれば、「宴会は二時間で済むが、ゴルフは一日かかる。これは無駄や」と叱責の対象に過ぎない。

これに感情的な行き違いが生まれれば、修復はきわめて難しくなる。

第四章
戦略的な経営

二代目 正治

三代目 正幸

「作れば売れる時代」の終焉

昭和五十二（一九七七）年一月十七日の取締役会で社長に内定した山下俊彦は、さっそく経理部長に命じて松下電器全体の経営実態に関する資料を提出させた。経営全般を見直す作業は、三カ月にわたって続けられた。

この作業を通じて見えてきたのは、表面的な数字からでは分かりにくい松下電器の歪《いびつ》な経営実態であった。例えば、昭和五十一年十一月期決算では、創業以来最高の売上高一兆三千六億円を記録し、対前年同期比でも二三パーセントの高い伸びを示していた。しかし最高の売上高を支えていたのは、国内販売ではなく輸出であった。

家電業界最大の系列販売網を誇る松下電器にとって、共存共栄の系列小売店の繁栄に比例して自社の成長もあると信じられてきた。しかし数字は、そのことを否定していた。史上最高の売上高の恩恵は松下電器のみがあずかっているだけで、系列小売店は同様に儲かってはいなかったのである。このままの状態が続けば、系列小売店の松下離れを起こしかねなかった。それは、いずれ松下本体の営業成績にも跳ね返って来るものだった。

また、対前年同期比九二パーセントという高い伸びを示した経常利益も、その内訳を見ていくと本業の弱体化が見て取れた。例えば、経常利益は家電という本業の儲けを表す営業利益と、金融収益など本業以外の儲けを表す営業外利益を合計したものだが、営業外利益が占める割合が増えれば、それは本業の弱さを証明している。当時、松下電器は金融資産の運用で高額な金融収益を叩き出しており、別名「マツシタ銀行」と呼ばれるほどであった。その金融収益が経常利益に占める割合は一五パーセントを超えていた。他方、売上高の伸びに比べて営業利益が少ない、つまり営業利益率の低下は売上高が少しでも伸び悩んだり停滞すると、すぐに減益につながることを意味した。

その営業利益率を見ると、昭和四十四年をピークに低下傾向を示していた。事業部別に見るなら、四十八ある事業部のうちアイロンや乾電池など、ごくわずかな事業部を除いてほとんどの事業部の営業利益率は低下傾向にあった。

それには、明確な理由があった。

山下が社長に就任した昭和五十二年当時、家電市場はすでに成熟期に入っていたのだ。カラーテレビや電気冷蔵庫、電気洗濯機、扇風機、電気掃除機など主要な家電製品はすでに普及率が九〇パーセントを超えていたため、家電市場は買い換え需要しか期待できないものになっていた。

ポスト・カラーテレビとして家庭用ＶＴＲ（ビデオテープ・レコーダー）が、家電各社から大型家電商品として期待されていたが、もはやこのような大型商品が次から次へと市場に登場する時代ではなかった。つまり、かつての高度成長期の家電ブームのように「作れば売れた時代」は、終わったのだった。

まずは意識改革

松下電器も、安定成長期に見合った経営が求められていた。売り上げの伸びが鈍化しても利益を生み出す強い経営体質への転換である。さらに言うなら、従来の家電事業からもっと将来の成長が期待される事業分野への進出である。

そのことは、家電製品を含めた電気製品別の売上高の推移にも表れていた。

昭和三十九年では売上高トップの白黒テレビから電気冷蔵庫、ラジオ、電気洗濯機、ステレオと続く順位は、昭和五十二年にはトップにコンピュータが登場し、以下カラーテレビ、テープレコーダー、ステレオ、エアコンと変化していた。トップが白黒テレビからコンピュータに入れ替わったことは、技術の流れ（変化）が「アナログからデジタルへ」と向かっていることを象徴していた。

コンピュータは、デジタル技術の塊である。そしてデジタル時代の特徴は、研究開発期間が長期化するのに対し、商品の陳腐化が早いことである。その好例は、四半期（三カ月）ごとに発売されるパソコンである。そして「デジタルの波」が私たちを運ぶ先は、高度情報化社会、つまりＩＴ（情報通信技術）化された社会である。

そのような時代の変化を、山下はもちろん気づいていた。だからといって、山下がこの新しい事業分野への参入をただちに決定し、実行するわけにはいかなかった。

その理由は、三つある。

まず一つ目、デジタル投資には「ヒト・モノ・カネ」を惜しまない覚悟が必要だが、その前に松下には技術的なハンディがあったことである。昭和三十九年に松下幸之助が巨額な費用と、国産コンピュータ・メーカーの数が七社と多いことを嫌って、コンピュータ事業からの撤退を決断していたため、デジタル技術の研究開発が遅れていたのである。

二つ目は、トップ交代したとはえ、経営体制そのものは正治時代のまま残されていたことである。例えば、総括事業本部制があるため、新社長の山下は直接現業に関与することができなかった。つまり社運をかけた新規事業の陣頭指揮が、社長に執れない仕組みになっていたのだ。

三つ目が、山下以外の経営陣、経営幹部らに山下のような危機意識が欠如していたことである。家電製品はそこそこ売れていたし、幸之助も「そう、家電は成熟段階でんな」と認めながらも「でも、この成熟は長く続きまっせ」と公言していたため、社内は「根拠なき楽観」であふれていたのである。

つまるところ、松下電器社長としての山下の課題は、ひとつは新しい事業分野への参入を可能とするマネジメント体制の構築、二つ目は松下電器の進むべき道（ビジョン）を指し示すこと、三番目はそれを実行すべき後進の育成にあった。

その課題に取り組む大前提として、まず山下の危機感を松下の役員、事業部長、その下の中間管理職、さらに出来れば全松下の社員に共有させる必要があった。つまり意識改革を行うことである。それには、山下は様々な機会を利用した。

事業部長や営業所長を集めて行う合同会議（月一回）や事業部長会議、松下電器の幹部を対象とした経営研究会などで、山下は繰り返し繰り返し松下電器の置かれている状況を包み隠すことなくそのまま伝えた。自分と同じ量の情報量を得れば、自分と同じ危機感も共有できると考えたからである。

その意識改革のスタート、山下俊彦の最初の呼びかけは、社長就任後の最初の経営研究会でなされた。その席上、松下の危機をこう訴えた。

「松下は業容（業務内容）も大きくなり、日本のみならず、世界的にも知名度の高い会社となった。しかし、これは過去の栄光である。過去は過去として、それではいま現在、過去の栄光に相応しい業績をあげようと努力しているのかどうかである。……順調な時に危機感を持つことは難しい。危機の時に危機感を持つのは、そう難しいことではない。一番困るのは危機でありながら、安易感を持つことである」

「社長の権限」を取り戻す

山下俊彦の社長一年目は、財務関係の資料から松下の経営状態を把握することに費やされた三カ月間以外は、松下の各事業部や工場など現場の視察にほとんどの時間を割いた。そのさい、山下はしばしばメディアなどで話題になるカラーテレビなど花形事業部や工場よりも乾電池など成熟した商品を担当する事業部や工場、もしくは見学者の少ない地味な事業部や工場をこまめに、そして精力的に回っている。

それは、華やかな事業部や見学者の多い事業部の情報は意識的に集めようとしなくても社長のもとには当然のごとく「成果」として上げられてくるが、そうでない事業部の情報が山下には絶えず不足していたからである。また視察の機会を利用して、山下は事業部長との積極的な対話を心がけた。事業部制を採る松下電器では、現場の情報を一番握っているのが事業部長だったからである。彼らの声を通じて、活字や伝聞情報では得られない、現場の生の情報を得ようと努力したのである。

翌年、山下俊彦は次のステップへ進む。

それは、松下正治が奪われた「社長の権限」を取り戻すことである。社長が経営の最高責任者だとするなら、松下のあらゆる場所にその権限が及ばなければ、改革を進めることはできない。具体的にいえば、昭和五十年に導入された「総括事業本部制」の廃止である。これがある限り、山下の立場は正治同様、「中二階」に置かれたままであった。

山下俊彦は、その年の一月、松下幸之助の部屋を訪ね、単刀直入に話した。

「総括事業本部制は、やはり廃止したほうがええと思います。このさい、担当されている三人の副社長の方も退いてもらおうと思います」

「そうか、分かった。君が、それが一番いい方法と考えるなら、そうしたらいい」

そう幸之助は言うと、しばらく黙り込んだ。そして何ともいえない表情を作って、こう言ったのだった。

「ところで、副社長には誰が話をするんや。君、それをこのわしに言え、いうんか」

山下には、幸之助の心情が痛いほど分かった。長年苦楽を共にしてきた三副社長は、幸之助にとって家族も同然だった。「家長として」幸之助は、「家族」を見捨てるわけにはいかなかった。しかし「幸之助商店」になってしまっているところに、松下電器が抱える全ての問題の根本原因があることもまた事実であった。

「いえ、私が副社長のところへ参ります」

山下は、きっぱりと答えた。

先輩五人の同意を得る

当時、総括事業本部長を兼務していたのは中川懐春《やすはる》、東国徳、稲井隆義の三副社長である。他に筆頭副社長として谷村博蔵がいた。谷村は、山下のかつての直属の上司である。幸之助が総括事業本部制の廃止に同意したとはいえ、実際に松下の経営陣に受け入れられるためには、三副社長以外に谷村の同意も必要であった。さらに取締役だが、フィリップスとの合弁会社・松下電子工業の社長を務める三由《みよし》清二は幸之助の信任の厚い実力幹部で、彼が反対したら山下の志向する経営などは立ち往生するしかなかった。

いずれにしても五人は松下の大功労者たちで、山下の大先輩だった。とにかく前に進むには、全員の同意が必要だった。誰から話をするか、どのように説明するか、五名の同意を得るために山下は細心の注意を払った。

山下は大阪・門真の松下本社から一番遠い、四国・高松市に本社を置く松下寿電子工業を訪ねた。松下寿は副社長のひとり、稲井隆義が社長を務めていた。高松を一番最初に訪れた理由を、山下はこう述懐した。

「一番反対されて困るのは、やっぱり稲井さんやと思うとったからね。最初に稲井さんのところへ行きました。まあ、稲井さんのあの性格は性格で知っていましたから、こじれたら困ると思いました。ですから、変なことは一切言わずに、ありのままをはっきりと言いましたね」

稲井は松下の歴史的大ヒット商品となった赤外線電気コタツの発明者で、しかも自ら人体実験して安全性を確かめたと言われる。このような仕事にかける情熱が幸之助とウマがあうところなのだろう。また松下寿を松下グループで収益率トップにするなど、経営者としての評価も高いものがあった。その半面、稲井には性格的にエキセントリックなところがあり、思い込みも激しく「稲井さんが走り出したら、もう誰にも止められない」と松下本社では恐れられていた。当然、松下寿では「稲井天皇」と呼ばれ、超ワンマンぶりはつとに有名であった。

その稲井が、松下の置かれ状況を率直に説明する山下の態度に理解を示し、総括事業本部制の廃止と本社副社長退任を了承したのである。

「うん、そらそうや。それはええことや。わしのことは心配せんといてくれ」

山下は、ほっとした。

次に山下は三由を訪ね、それから中川、谷村、東の三副社長を歴訪した。もちろん、全員が全員、稲井と同じ受け止め方、同じ対応というわけにはいかなかった。

「人によって受け取り方が、だいぶ違うのは当たり前ですよ。当然、寂しさもあるでしょうし、長年ずっとやってこられた方々ですからね。しかも、みな松下の功労者ですから。それ以外にも、いろんなことはありましたけどね」

ただ山下は「いろんなこと」を含め核心部分については、多くを語ろうとはしなかった。山下は翌昭和五十四年も、大幅な役員人事を断行し、若返りを進めた。二回にわたる役員人事で、社外重役を除いて全役員二十五名のうち半数以上の役員が退任し、松下電器の昭和三十年代から四十年代の成長を支えてきた明治生まれの古参役員、いわゆる番頭と呼ばれた幹部たちはひとりもいなくなった。

一連の役員人事で、山下の社長就任当時と比べて、役員の平均年齢は四歳若返り、六十・四歳となった。経済誌「日経ビジネス」が昭和五十年末で算出した東証上場企業二百社の役員平均年齢の高さで第四位を占めたことを考えるなら、役員の高齢化をかなり抑える結果になったと言えるだろう。

「大忍」の額

さらに山下は、松下本社の役員人事だけでなく子会社、関連会社の役員人事にも手をつけていた。それは、「会長」職の廃止である。それまで親会社から天下った役員は、社長を退くと自動的に会長に就任していた。いわば余禄である。それを、山下は「松下には会長は（本社に）一人でいい」と言って、会長を名乗らせなくしたのである。会長になり損ねた役員の多くは、山下よりも先輩である。当然、突如として人生設計を狂わされた彼らの怒りは収まらなかった。また、社長、会長と続けて役員生活を楽しむつもりでいた役員たちにも不満は残った。

松下労組の委員長、高畑敬一も山下の役員人事に異議を唱えたひとりである。高畑は、あくまでも役員の若返りは「老・壮・青」のバランスを考えて行うべきであって、急激に行うことは松下のためにならないと主張した。社内からも「あまりにもドライすぎる」という批判的な意見が強く、幸之助の時代の温情主義を懐かしむ声も出てきていた。

他方、山下に見いだされ、山下改革を支える一人となる佐久間昇二《しょうじ》（元副社長）は、山下を身近で見てきた人間としてこう弁護する。

「山下は情の細やかな人間で、気持の優しい人です。一連の人事で『冷たい』とか『冷酷な人間』という声がありましたが、私はそうは思えませんでした。むしろ山下が『松下の社長』という役を演じているのではないかと考えました。個人として気が進まないことでも、会社のことを考えたら『松下の社長』としてやらなければいけないことがあるわけです。だから、私は社長時代の山下は『松下の社長』を演じていたのだと、いまは確信を持って言えます。だから、つらかったと思います」

山下は登山が趣味の山男で、アルコール類も滅法強いほうであった。しかし佐久間は、山下の社長時代、宴席などで彼の酒量が次第に増えていることに気づいたという。ある時には「え、まだ呑んでいる」と思ったほどだった。

「だから、山下にすれば、(松下の社長なんか)酒でも呑まないとやってられるか、という気持ちだったと思います」

そう佐久間は、当時を回想する。

山下の一連の人事は幸之助の了承のもとで遂行されていたので、表だって問題になることはなかった。だからといって、幸之助が山下のやり方をすべて支持していたわけではなかった。

山下のドラスティックな改革に対し、何かと外野がうるさかった昭和五十五年ごろ、松下幸之助が山下の部屋を突然、訪ねてきたことがあった。そのとき、幸之助は「大忍」と大きな文字で書かれた額を手に持っていた。

幸之助は、その額を指さしながら自分の気持ちを伝えた。

「わしも自分の部屋で机の前の壁にこれかけて見ているから、君も同じようにこれをかけておいてくれ。時には、やはり辛抱せないかんのや。君が辛抱している時は、わしも辛抱しているんだと思ってくれ」

幸之助は、いつでもくどくどと言うようなことはなかった。山下は幸之助の心情を思って、推測した。

「社長といえども、辛抱せないかん時があるわけですわ。相談役は、僕が情熱の赴くままにやっているように感じられたんですね。相談役から見ると、老練さがないということなんでしょう。『わしも独断でやっているようやけど、じつはこれ（大忍）や』ということを言いたかったんですよ。だから、『この額を見て辛抱せないかん時は辛抱せえ、わしもこれ見て辛抱しとんのや』――そのことを、僕にも知って欲しいということやったと思うわけです。つまり『お前にも、言いたいことがあるやろ。しかしわしも、お前に言いたいことがあるんや。だけど辛抱しとるねん』ということなんです。相談役は、僕のやり方にも辛抱しとるわけです。僕は、そう感じましたね」

山下俊彦は、松下幸之助から言われた通り、机の前の壁に「大忍」の額を飾った。

根負けした人事

山下は役員人事などで幸之助と意見が食い違った場合、自分の意図を理解してもらえるように努力したが、強引な説得を続けて最後は幸之助が根負けする形で了解を得ることだけは避けるようにした。理解が得られない場合は、自分の意見を保留するか、逆に山下が根負けして幸之助の主張を受け入れたものだった。

山下が根負けしたケースを、私は取材を通じて、ふたつだけ知っている。

ひとつは、幸之助が山下の部屋に「大忍」の額を持ってきたその年のことである。側近として長らく幸之助に尽くし、信任の厚かった尾崎和三郎は定年を迎えて松下電器を退職していたが、その尾崎を取締役に選任するよう山下に求めたのである。

しかし死文化していた役員定年制を復活させ、厳重に遵守することで役員の若返りを図っていた山下にとって、それは認めがたいことであった。とはいえ、山下は最終的に幸之助の強引さに根負けして尾崎の取締役就任を認めてしまう。

一度定年退職したものを役員として復帰させた例は、それまでの松下電器の歴史では皆無であった。余りに異例な人事だったため、マスコミの一部でいろいろ取り沙汰されたほどである。ただし尾崎復帰の狙いは、いまもって明らかにされていない。そのころ、幸之助は広報本部と宣伝事業部を合併して「PR本部」を創設し、それを自分の直轄部門にする構想を持っていたと言われるが、肝心のPR本部が実現しなかったので噂の域を出るものではなかった。

戦略的思考を導入する

新しい事業分野に進出する経営体制を整えつつ、山下俊彦は次の課題に挑戦していた。それは、松下電器の将来ビジョン——将来の松下電器像、これからどのような企業を目指すかという企業像であり、その目的達成のための事業戦略、ロードマップを作り上げることである。

山下俊彦は、松下電器の経営に初めて戦略的思考を導入した社長である。それまでの松下電器は一年単位の事業計画が中心で、中・長期の計画を立てるという思考が希薄であった。山下は社長に就任するとまもなく直轄の経営企画室を設け、中・長期の計画など戦略的プランニングの策定にあたらせている。

昭和五十三年から三カ年にわたる中期計画、昭和五十六年には十年後の平成三（一九九一）年を目標にして、松下電器はいかなる企業になっていなければならないのか、そのためには今なすべきことは何かという長期ビジョンを策定している。そのとき、山下は松下電器の生産バランスを国内五〇パーセント、輸出二五パーセント、海外生産二五パーセントに想定していた。

海外生産の拡大を視野に入れているのは、円高や貿易摩擦という経済環境の変化とともに、日本の国際的な責任を問う声が出始めるなど世界政治の動向とも無関係ではいられない時代になったことを自覚したからであった。低成長時代を迎え、先行き不透明感が漂う時代だからこそ、山下は足下をしっかり見つめ、企業の進路を明確にしなければならないと考えていた。

昭和五十七年一月の経営方針説明会で、山下はＯＡ（オフィス・オートメーション）とＨＡ（ホーム・オートメーション）、メカトロニクス、エネルギーの四つの新分野を重点開発事業にすることを発表した。具体的に言うなら、ロボット、ビデオカメラ、ビデオディスクなどである。翌昭和五十八年も引き続き、山下はＯＡとニューメディアを取り上げている。

このような重点分野を取り上げていく背景には、そろそろ長期ビジョンに基づく松下電器の将来像を提示する時期に来ているのではないかという山下の認識があった。事実、その作業を進めるための人材を山下は探し、見つけていた。その人物を取締役に選任し、さらにビジョンの作成を前提に経営戦略の策定を任せるつもりでいた。

ところが、この人事案が松下労組に漏れ伝わった事から話が横道にそれてくる。

山下の意中の人物は、当時、名古屋の「中部家電総括部」の総括部長を務めていた佐久間曻二だった。その前には、佐久間は横浜営業所長を三年半務めており、いわゆる営業畑の人材である。しかし過去に組合活動で、会社の方針に刃向かって欧州に「飛ばされた」経験の持ち主でもあった。戦後間もない時期、左翼活動が活発で松下労組も共産党系が強かったころ、共産党員でも共産党シンパでもなかったが、正義感が強かった佐久間はなりゆきで労組役員に立候補したら当選してしまったという経緯があった。

しかし労使協調路線を採る第二組合が誕生し、第一組合が戦いに負けたため、第一労組役員全員が左遷され、佐久間も販売網も何もない欧州に飛ばされたのである。佐久間本人は「左遷」とは思っていないと否定するが、当時の週刊誌でも取り上げられ、話題になったことは事実である。

組合の言い分を簡潔にいえば、会社に反抗した人間が役員になれて、労使問題を解決に導き、その後も労使協調路線で会社を支えてきた労組の委員長が役員になれないのはおかしいというものだった。山下は役員人事に労組からとやかく言われる筋合いはないと考えていたし、適材適所で選んだだけでその人物が過去に組合運動で左遷されたことなど関係ないという立場だった。当然、労組の抗議に耳を貸すつもりはなかった。

ところが、ある日、松下幸之助が労組委員長の高畑敬一を取締役にどうかと山下に打診してきた。問題は、高畑の担当分野だった。

「相談役は、『高畑は家電営業本部長をやりたい、家電営業本部長はできると言っているけど、どうや』と言われました。さすがに驚きました。営業経験の全くない高畑君を家電営業本部長にしたら、とんでもないことになりますから、いかにそれが問題かをこんこんと話しました。相談役は理のあることなら、きちんと分かってくれますから、『そうやな』ということで取締役（就任）だけは受け入れましたけどね」

これが山下が根負けして受け入れた二つ目の役員人事である。

苦戦する系列小売店

そのころ、松下自慢の系列販売網は、昭和三十九年の熱海会談の時のように系列店と松下との間で相互不信に陥っていた。系列店の言い分は「共存共栄」と言いながら、実際はスーパーなどの大型店に松下製品を格安で卸している。そのため、系列店の松下製品は売れずに困っている。これに対して、松下側は、安売りをするダイエーには卸していないが、ダイエーはどこか別のルートから仕入れている。たいして売りもしないのに、系列店は文句ばかりいうと反論した。つまり、系列店が苦しいのは松下のせいではないというわけである。

台頭するスーパーなど大型店の安売りの前に系列の小売店は苦戦していた。価格は別にしても、新製品が発売されると、系列店よりもスーパーなどの店頭に早く並ぶのはなぜかという指摘には松下側は反論できずにいた。こうしたもつれた感情を解きほぐしていくには、やはり小売りの現場を知っているものでなければ難しい。労組の委員長は、組合員と同じ組織の一員だから強制力も生まれるし、統制力もある。

しかし系列の小売店は、松下から独立した存在である。正しいから従うのではなく相手を信頼するから協調するのである。そうした小売店の店主の気持ちを高畑がどれだけくみ取れるか。両者の関係が感情的な反発も絡んでいる以上、「やらしてみたら」という安易な選択はリスクが高すぎた。それに松下の営業の人材が枯渇しているわけではなかった。

昭和五十八年二月、株主総会で、佐久間や高畑ら新任役員を含む取締役人事が正式に承認された。株主総会後、社長の山下が新任役員たちを飲みに連れ出すことは、恒例行事になっていた。その日も、山下は新任役員を飲みに誘った。歩き出してすぐ新任役員のひとりが、高畑のいないことに気づいた。「高畑さんがいません。探してきましょうか」と山下に声をかけると、山下は一瞥することなく「ほっとけ、呼んでこんでいい」と即答したのだった。一瞬、気まずい雰囲気になった。しかし山下は、それにかまわずどんどん前へ歩いて行った。

山下にとって「社長といえども、辛抱せないかん時」だったのかも知れない。しかし幸之助を利用したやり方には、さすがに我慢がならなかったようだ。その後も、こうしたケースはなくならなかった。それがまた、山下を苛立たせることになった。

方向転換できるシナリオ

組合活動で会社に睨まれ、しかも出世コースから外されていた佐久間昇二を、労組の反発覚悟で役員に取り立てた理由——山下の本音が知りたくて質問したところ、次のような答えが返ってきた。

「私は、出来るだけ、そういうことを経験したほうがいいと思うんです。とくに失敗の経験のほうが、重要だと思います。そういう経験をしないで（個人や組織の）上に立ちますとね、やはり間違えるんですよ。そういう経験をしますと、他人の心の痛みが分かります。私は、人の上に立つには他人の心の痛みが分かることが非常に大切だと考えています。そうでなければ、人は動きませんし、組織が駄目になってしまいます。その意味では、佐久間君が組合活動に関係したことは、マイナスだと思っていません」

その後、山下俊彦は佐久間曻二を呼び出すと、経営企画室長を命じた。そのさい、山下は経営企画室に何を期待するかを明らかにした。

「お前が、(山下の) 羅針盤になってくれ。おれは (松下丸の) 船長だ。だから、羅針盤のお前が方向を間違えると、おれはどっか (違う目的地) へ行ってしまう。正しい方向を見定めるには情報が大切だから、そのためのネットワークを作れ。ただしネットワークを作る時は情報源の多さではなく、質の高いものにしろ」

そう言うと、山下は佐久間に塩野七生の『海の都の物語』を読むようにと手渡したのだった。読んでみると、スパルタなどの都市国家が衰退していったのに対し、商都・ヴェネツィア (ベニス) だけが生き残った理由が書いてあった。そのとき佐久間は、山下が盛衰の原因は国家も企業も同じだと考えていると思った。

スパルタは武力で他国を負かして発展した都市である。しかしその強みが、時代の変革期に弱みとなったとき、衰退の原因となった。松下電器は総合家電メーカーとして圧倒的な強みを発揮してきていた。しかし松下電器もまた、その強みが弱みに変わる時期に来ているのではないか——これが山下の状況認識ではないかと、佐久間は理解した。

そこから佐久間は、山下のミッションを「家電路線をひた走ってきた松下電器も最後の転換期に立たされているから、時代の変化の波に乗り遅れることなく方向転換できるシナリオを書いて欲しい」ということだと導き出したのだった。

昭和五十八年十一月、松下電器は中期計画「ACTION（アクション）―61」を発表した。「ACTION」は、Aはアクション、Cはコスト・リダクション、Tはティピカル・プロダクツ、Iはイニシアティブ・マーケティング、Oはオーガニゼーショナル・レアクティベーション、Nはニュー・マネージング・ストレングスの頭文字を集めたものである。順に言葉の意味するところは「行動を起こそう」「コスト削減」「話題性のある商品」「創造性ある営業活動」「組織の活性化」「作ろう！　新しい経営体質を！」である。

デジタルＩＣを作れ

アクション61は昭和五十八年十一月から昭和六十一年十一月までの三カ年計画で、その中心的な目標は情報家電分野の強化にあった。掲げられた数値目標は、それまで全売上高に占める割合が二割程度だったものを、二倍の四割まで高めるというものである。

従来の家電事業をベースにしながら、高い成長性が見込めるデバイス（電子部品や製品など）等に進出し、新しいコアビジネスを作り上げることであった。

それは、デジタル家電への取り組みである。すでにそのころ、マイコン（半導体チップ）が冷蔵庫や洗濯機、電子レンジ、エアコンなどの家電製品に搭載され、マイコンの性能の優劣が商品力を左右するところまできていた。

マイコンとは、一枚の半導体チップの上にコンピュータの基本的な能力である中央演算処理装置（CPU）を始め主記憶、入出力インタフェースなどを集積したもので、一台のコンピュータと同じ機能を持っていた。つまり、デジタル家電に注力するには、コンピュータ技術や半導体技術に対する新たな取り組みが必要であった。

翌昭和五十九年一月、山下俊彦は、恒例の経営方針説明会の席上、松下電器の目指すべき姿は「総合エレクトロニクス・メーカー」であると宣言した。社長就任以来、山下の改革はようやくビジョンを発表できる段階まできたのである。

ここでの「総合エレクトロニクス」には、前年発表したデバイスに加えて、半導体、産業用分野などへの進出が新たに加えられていた。技術面でいえば、デジタル化の推進・強化である。

松下グループで半導体を生産していたのは当時、フィリップスとの合弁会社・松下電子工業である。ただし松下電子工業が生産していた半導体は、テレビや家庭用VTRなどに使われる民生用のリニアIC（集積回路）が中心で、しかもアナログだった。しかし総合エレクトロニクス・メーカーを目指す松下電器に必要なのは、デジタルICである。信号処理する場合、デジタルのほうがより早く、より大量に、そして正確に伝えられるという特質があったからだ。

だからといって、松下電器本社には半導体の研究開発を、ただちに始められない理由があった。それは、松下グループでは、電子管を始めトランジスタ、半導体などの研究開発は松下電子工業一社に任すという契約をフィリップスと交わしていたからだ。つまり松下本社といえども、その契約を無視して始めるわけにはいかなかった。

とはいえ、松下電子工業が新たにデジタルＩＣの開発製造を行えば、それで済む話なのだが、社長の三由が承知しなかった。というのも、松下グループではグループ企業の需要に応じることが最優先される決まりになっており、松下電子工業でもグループ企業が使用する半導体の六〇～七〇パーセントを供給していた。ただし、前述した通り、そのほとんどがアナログだった。

しかもそれで、松下電子工業は十分に利益を上げ、高収益企業の名をほしいままにしていた。当然、本社社長の山下からの要望であっても、グループ企業にデジタルＩＣの需要が少ない以上は応じるつもりはなかった。そこで山下は、オランダに飛んでフィリップス本社と掛け合い、禁止条項を廃止してもらうのだ。

昭和六十年、山下俊彦は、松下本社の技術本部に二百億円をかけて「半導体研究センター」を完成させた。本社の動きに呼応するかのように、松下電子工業も同じく二百億円をかけて、超ＬＳＩの研究開発を目的とする京都研究所を設置したのだった。

こうして、松下の半導体研究開発の両輪が揃うことになった。

なお、山下は半導体センターを設立するにあたって、松下電子工業にいた技術者、水野博之（元副社長）を本社に呼び戻している。水野は、以後松下の半導体開発をリードする人物になる。

水野を本社に呼び戻すさい、山下はこう言ったという。

「水野君、本社に戻って半導体をやってくれ。半導体をやらないと、松下の製品はダメになる。松下に明日がなくなる」

「家電営業本部長」に抜擢

総合エレクトロニクス・メーカーというビジョンを示し、「販売の松下」から技術重視の「技術の松下」へ大きく舵を切ったかに見えた山下の改革だったが、アクション61のシナリオライターの佐久間曻二に新たなミッションを与えていた。

じつは佐久間は、アクション61を発表した昭和五十八年十一月に経営企画室長を「解任」されたため、計画遂行に関与できなかった。代わって山下が与えたのは「家電営業本部長」の要職だった。松下労組委員長の高畑敬一が望んだポストである。

山下は、佐久間を抜擢した理由をこう説明した。

「あるとき、佐久間君に話を聞いたんですわ。そうしたら『日本に帰ってきてビックリした』というんです。『販売会社（問屋）はちゃんと決まっているし、地域の販売店（小売店）も系列店としてきちんとしている。とにかく、日本の営業はすることがない。私は、何もせんでいいんですわ』と。僕は最初は佐久間君が冗談でそう言うとるのかと思ったら、本当に真面目な顔で『日本は天国だ』とまで言うんですよ。

僕は、そういうところにビックリするのが、いいと思いました。同じように海外から帰ってきても、そんなん言ったのは佐久間君ひとりですわ。欧州で苦労したことと比べたら、日本は何の苦労もないと佐久間君は言うわけですな。だから、佐久間君は販売会社も販売店も非常に大切にしていましたし、こんな恵まれた環境なのに松下のほうで販売会社や販売店に文句言うとる、と不思議がっていました。そうした佐久間君の反応が、僕は非常に印象に残っていました。

他方、松下は事業部制でやっていますでしょう。そうしますと、品質の良い製品を低コストで作れば、それでもう事業部の責任は果たしたという感じなんですね。しかし佐久間君には、松下の中にいて『そうじゃないんだ』という感覚がありました。そういう大切な感覚が、それまでの松下に欠けていたんです。しかも販売会社や販売店からの不満も強くなっていた頃でした。そこで、佐久間君に白羽の矢を立てたのです」

売り上げを減らして出世する

他方、佐久間昇二は家電営業本部長に就任したとき、ひとつ心に誓ったことがあった。それは、国内の販売網の改革にあたって「松下の政策で、真面目に働いている人を泣かしてはいけない」というものである。その誓いは、横浜営業所長時代に系列店「ナショナルショップ」の経営者の夫人から涙ながらに「松下の非」を訴えられたことがキッカケになっていた。

佐久間が横浜営業所長に着任した昭和五十三年当時、約二万七千店舗のナショナルショップの売上高は、松下電器の家電販売全体の売上高の八〇パーセントにも達し、日本一強力な販売網を誇っていた。欧州でゼロから販売網を作る苦労をした佐久間にとって、国内の系列店は松下が取り立てて何もしなくても松下製品を「売ってくれる」ありがたい存在であった。

しかし着任早々、有力ショップ店へ新任の挨拶回りをしていると、あるショップ店の夫人から佐久間は、こう訴えられたのだ。

「私は、松下さんに恨みがあります。松下さんがあんなにも強引に勧めなかったら、私たちは本当はもっと幸せだったはずです。みなさんから強引に勧められたため、私たちは地獄を見ました。これからも、その苦しみが私たちには続きます。あのとき、松下さんがあんなことを強引に勧めなかったら……」

止め処《ど》なく流れる夫人の涙を見ながら、佐久間には返す言葉がなかった。

夫人によると、結婚と同時に二人でナショナルショップを開店し、力を合わせて働き売り上げも利益も順調に伸び、従業員を三人も抱える地域の有力店に成長した、という。そこに松下電器と系列の販売会社の人間が訪ねてきて、「新しい団地ができるので、そこへ出店しませんか。あなたたちなら必ずできる」と強引に口説いた。夫人は「無理をしないで欲しい」と反対したものの、店主の決意は固かった。

しかし出店すると、松下の見込み違いで団地の入居者は増えず、支店の経営はまもなく行き詰まる。最終的に支店は閉店に追い込まれ、銀行から借りた新規出店費用の巨額な借金だけが残された。その借金返済のため、店主は働き続け病に倒れる。いまも闘病生活を続けながら、借金返済のため働いているというのだ。

一方、肝心の新規出店を執拗に勧めた松下の関係者は転勤や異動でいなくなり、そのショップ店をケアするものは誰もいなかった。

佐久間は、内心「ひどいことをするものだ」と思った。

そのころ、松下電器では新興住宅街に出店攻勢をかけていた。それを受けて、系列の販売会社では有力なショップ店に新規出店を積極的に働きかけていた。その過程で、強引な勧誘も生まれていたのである。松下電器では、販売会社は系列店であるナショナルショップに松下製品を卸す問屋としてだけでなく、ショップ店の経営を含め全体の責任を負っていた。佐久間の営業所は販売促進やマーケティングなどが主たる業務で、ショップ店の経営そのものに関与することはなかった。それでも同じ松下の人間として、ショップ店の夫人の訴えは心に響いた。

それ以来、佐久間は「松下の政策で真面目に働いている人を泣かしてはいけないと思ったことが、私の家電営業の仕事の原点となりました」という。

佐久間は、松下と系列店との間に生じた相互不信の原因を改めて探ってみた。

系列店の最大の不満は、「価格格差の問題」とそれに対し松下が有効な対策をとろうとしないことであった。ダイエーや量販店で松下の家電製品が七万円で売られていたとしたら、同じ製品は系列店では十万円以上した。大量に購入する量販店とでは、ある程度の価格差は仕方がないにしても三割以上の開きがあったら、太刀打ちできないというのである。

つまり、口では「ショップ店優先」と言いながら、実際は松下の営業政策は量販店に傾いているという不信感であった。

他方、松下側の言い分は、系列店は「何もしなくても売れた時代」の恩恵が忘れられず、消費者のニーズが多様化しても、それに対応すべく努力もしていないし、スキルも磨いてないというものだった。有り体に言えば、「ショップ店なんか一店一店みたら、たいして売りもしていない。それなのに、文句ばっかり言っている。もっと売ってから文句を言え」という反発が根強くあったのだ。

佐久間は不満を聞いていて、両者とも変わる必要があると思った。ならば、まず松下が変わったことを示せば、系列店は心を開き、信頼してくれるのではないかと考えた。そこで佐久間は、正規ルート以外に商品が流れないように努めた。つまり出荷量を絞ったのである。するとスーパーなどが安売りをしても、松下製品は店頭に並ばないか、並んでも量が少なくなっていた。そうしたスーパーや量販店の店頭の様子から系列店の店主たちは、松下の「本気」を信じるようになり、信頼感が少しずつ戻ってくるようになった。

次に佐久間は、系列店が変わることを求めた。とはいえ、二万店を超える系列店すべてに対応できるわけがない。考えた末に、モデル店舗を使うことにした。

例えば、広い展示場を借りて、駅近くで人の流れが多い場所に立地している系列店にはコンビニ・タイプのモデル店舗を作って参考にしてもらうようにしたのである。また住宅地にある場合には、オーソドックスな作りのモデル店舗とか。この試みは系列店に好評で、実際に採り入れた店から赤字から黒字になったと報告を受けるなど、かなりの成果を出すことに成功している。

しかし大口のスーパーや大型店向けの蛇口を絞ったわけだから、売り上げ面で悪影響も出ていた。一年後、佐久間は社長の山下のもとにお詫びに出向いた。

「すいません。売り上げを減らしてしまいました」

「なんぼ減らした」

「百四十億円ほどです」

すると、意外な言葉が山下の口をついて出た。

「お前、中途半端に減らしたんちゃうか。本当は、もっと減らさなあかんのとちゃうか」

山下は、本当は二百億円減らしてもやり遂げなければいけない改革を、変に自主規制して百四十億円に止めたのではないかと怪しんだのである。つまり、改革が中途半端で終わることをもっとも恐れたのだ。別の見方をするなら、佐久間に対し、やるからには徹底してやれとその覚悟を問うたことにもなる。

翌年も佐久間は、売り上げを減らしてしまう。それでも、最終的に副社長まで出世したことを指して、のちに松下の営業や販売関係者から「家電営業本部長で売り上げを減らして副社長にまでなったのは、あんた、佐久間さんだけや」とからかわれたと佐久間は苦笑する。

総合エレクトロニクス・メーカーへの道

山下の改革をこのようにして見てくると、アクション61は確かに技術重視の改革だが、山下の本当の狙いは「販売の松下」と「技術の松下」の両方を狙った壮大なものだったのではないかと思えて仕方ない。

しかし山下は、アクション61が終了する昭和六十一年十一月を待つことなく、その年の一月、自らが育てた後継者、副社長の谷井昭雄に社長の椅子を譲って相談役に退いた。アクション61終了の暁には、日本電気や日立からライバルと呼ばれる企業にしたいという願望を社長として確かめることなく、不思議な退任の弁を残しただけであった。

「(トップ交代は)四〇〇メートルリレーと同じです。走りながらスピードを落とさずに次の人にバトンタッチした方が、いいのではないかと考えたわけです。アクション61が完了してからバトンタッチすると、次の人はまた一から新しいことを始めなければいかんわけですよ。それに、その頃になると次期社長は誰やとマスコミが騒いで煩わしくなるしね」

松下の経営から去って行く山下と入れ替わるようにして、幸之助の孫で正治の長男・正幸が取締役に就任し、経営陣入りを果たしている。正幸の取締役就任に対し、幸之助は異例のコメントを発表した。

「正幸事業部長は、洗濯機事業部長の経験が非常によく、苦労があったようだが、会って話をするたびにたくましくなり人間が大きくなっているように感じられた。洗濯機事業部長としても立派な成績をあげたと聞いており喜んでいる。このたび認められて役員になることについては私も異存はない。さらに、これからも経営の勉強を積んで欲しいと思っている」

孫を思う幸之助の心情がよく表れたコメントである。

正幸が昭和五十六年に関連企業から本社に戻ってきた以降、大政奉還が取り沙汰されることが多くなっていたが、山下の姿勢は終始一貫していた。

「正幸君は、松下電器のありようをよく承知している。したがって、私は正幸君が将来の社長候補であると考えたことはありません」

と公言してはばからなかったのは、適材適所で取締役を選任してきた社長としての山下のプライドであったろう。

山下俊彦の社長時代の九年間は松下の古い体質との戦いであり、そのための意識改革、それを通して新しい松下電器の進むべき道を指し示すことに費やされた。しかし山下の提示した総合エレクトロニクス・メーカーへの道は、山下の手で実現されることはなかった。山下が推し進めた松下改革の成否は、谷井を始め次の世代の経営陣にかかっていた。

第五章

創業者なき経営

晩年の幸之助・むめの夫妻

死にたくない、もっと生きたい

平成元（一九八九）年四月二十七日、松下幸之助は入院先の松下記念病院の特別室で九十四歳の生涯を閉じた。病室のベッドに横たわる幸之助の周りには、一人娘の幸子、女婿の正治、孫の正幸ら近親者の姿があった。ただし妻のむめのは、同じ松下記念病院に入院していたものの、意識がもうろうとした状態にあり、幸之助の状態を理解ができないこともあって不在だった。

幸之助の訃報を知り合いの編集者から知らされたとき、複雑な気持ちになったことを覚えている。その五カ月前、私は処女作『復讐する神話　松下幸之助の昭和史』を文藝春秋から上梓していた。病気入院中のため、私のインタビューは実現しなかったが、処女作の感想をお伺いしたいと願っていたので残念でならなかった。

そのときじつは、もうひとつのことが頭に浮かんでいた。

それは親しくなった松下の幹部との懇談の中で、彼が問わず語りに語った「あんなこと、いつまで続くのだろうか」という言葉である。毎年、ある時期になると、「こんなものがあるのだけども」といって戸籍謄本のコピーを持ってくる人物がいた。そこには、幸之助が認知したというもうひとつの家族の名前があった。創業者のスキャンダルがマスコミに流れるのを恐れ、わざわざ持参してくれたお礼にと、その幹部は「お車代」の名目でいくばくかのお金を渡していたのだ。彼が実際に担当していたわけではなかったが、それが嫌で嫌で仕方がなかった、という。

それで私は、これで彼も嫌な思いから解放されるだろうと、つい彼を思って少し気持ちが軽くなったのだ。しかし人の死をそう感じることは許されるものではなく、そう思ってしまったことが私の気持ちを複雑にしていたのである。

しばらくすると、雑誌に「隠し子」の記事が掲載された。「なるほど、そういうことなのか」と思った。もう松下から「車代」をもらえない代わり、最後っぺで雑誌にネタとして持ち込んだのだなと思ったのである。事実かどうか分からないが、そのとき、私は何の躊躇《ためら》いもなくそう思ってしまったのだった。

ひとつ気がかりだったことは、松下幸之助の「死に際」の様子だった。天寿を全うしたという気持ちで幸せな最期を迎えたのか、それともこの世に未練を残したまま旅立ったのか。どうしても知りたいと思ったものの、松下家に何のツテもない当時の私には、どうしようもなかった。あれから十二年後、岩瀬達哉の『血族の王　松下幸之助とナショナルの世紀』の中に幸之助の臨終のシーンについて、同室者のコメントが掲載されていることを知った。

少し長いが、その部分を引用する。

《松下家の執事として臨終に立ち会った高橋誠之助によればその臨終の瞬間、幸之助は生への激しい執着をみせたという。高橋は、昭和四十四年、松下電器産業広島営業所に勤務していた二十九歳の時に、兵庫県西宮市の幸之助邸に設けられていた「秘書室西宮分室」への異動を命じられた。以来、二十年以上にわたって幸之助とむめのに仕えてきた。休日でも、呼び出しがあれば、三十分以内に駆けつける態勢をとり、まさにその生活のすべてを捧げてきたひとりだ。高橋は言う。

「臨終の瞬間は、悟り済ましたといった状態とは程遠いものでした。死にたくない、もっと生きたい、と必死の思いが形相に表れていた。生きて、やり残した仕事をしたいという無言の叫びが聞こえるようでした。こういう最期を、人はどのように評するかは知りません。しかし、いかにも松下幸之助らしい立派な最期だと私は強い感動を覚えたものです」》（傍線、筆者）

高橋の証言を読んで、私は別の意味で得心した。

松下幸之助は、幼い頃から次々と兄弟や両親を失っていき、十分な家族（家庭）の愛情に育まれることなく幼くして社会へ旅立つことを強いられた。愛する人たちを次々と失ったことで、幸之助の心には深い「喪失感」が生まれた。しかもそれは、埋めようにも埋まらない深い喪失感であった。

他方、幼い幸之助に与えられたのは「家長」として松下家再興のため、一日も早く一人前の商人になって独立することであった。その重圧の大きさと埋めようにも埋められない喪失感のなか、幸之助は「仕事」に熱中することで自分を取り戻し、維持しようとしてきたのではないかと私は見ている。

そしてその「仕事」は、会社という「家庭」と従業員という「家族」を作ることでもあった。松下家の再興＝会社の繁栄・永続は、幸之助にとって新たな「家族」作りであったような気がしてならない。松下家で実現しなかった「家族」を、井植家を中心に再現しようとしたものの失敗し、次に挑んだのが平田家であった。

しかしそれもまた、正治との軋轢から思ったように進まず、生きて自分の目で成否を確かめることはなかった。要するに、「家族」を知らずに育ったものが、新しい家族を作ろうとしてもその作り方が分からなかった、ということに尽きる。

それでも幸之助は、諦めることが出来なかった。「死にたくない、もっと生きたい」という彼の「叫び」は、埋めても埋めても埋まらない「喪失感」に対する彼の抗議の声だったように思えて仕方ない。「これ以上、いったい何をすればいいのか」と。

「寂しい、ひとりの経営者」

松下幸之助は晩年、「二十一世紀の日本をになう各界の指導者の育成の一助」を目的とし、私財七十億円を投じて開塾した「松下政経塾」の活動に熱心だった。松下政経塾は昭和五十五年四月に神奈川県茅ヶ崎市に置かれ、幸之助自身、しばしば通った し、受験者の最終面接も自ら行うほどであった。

開塾当初は「松下幸之助の最後の、そして最大の道楽」とまで言われ、経営者が政治家を直接養成することに対し、政財界も冷ややかな視線を向けていた。しかし幸之助は「政治家に思想なし、松下政経塾卒業生が指導者になるまで日本はダメ」とまで言い切って、邁進した。その後、国会議員や地方議員、地方自治体の首長にまで政経塾出身者が次々と誕生し、いまでは「松下政経塾」はひとつのブランドになっている。

民主党が政権交代を実現し、菅直人が首相の時代、松下政経塾出身の閣僚が三名も誕生していた。そして菅の後を受けて首相に就任した野田佳彦は、松下政経塾の一期生である。幸之助の予想通り、政経塾出身者から一国の指導者が誕生したわけだが、皮肉にも「無税国家」を唱えた幸之助とは逆に、野田は「増税国家」に向けてひた走りに走った。

松下政経塾の設立趣旨およびその意図は、松下幸之助の思想そのもののはずだが、皮肉なことに卒業生たちには幸之助の理念までは伝わっていないようである。

松下幸之助が政治の世界に足を踏み入れた理由について、これまでも本人の言葉以外にもいろいろと説明されてきたが、私は松下電器でなしえなかった「家族」作りを政治の世界で行おうとしたのではないかと思っている。松下政経塾の塾生は授業料を払うどころか、「給料」を貰って政治・経済の勉強をさせてもらっている。これは、親が子供を扶養し、学校へ通わせているのと同じである。

政経塾の活動に専念することで、果たして幸之助は「喪失感」を埋めることが出来たのかは、いまのところ、疑問が残る。なにしろ政経塾出身の指導者たちは、幸之助の考えとは真逆の方向へ進んでいるように見えるからだ。

松下幸之助の評価は「経営の神様」で定着しているが、私の目には満たされることのない家族の愛を求め続けた「寂しい、ひとりの経営者」としてしか映らない。そしてパナソニックでも政治の世界でも、彼の思想や哲学を引き継ぐリーダーの姿が見当たらないのが、いまもっとも懸念するところである。

いかに求心力を生み出すか

「創業者」は創業者であるというだけで求心力を持つ、と言われる。その創業者を失って以降の松下電器にとって、どのようにして新たな求心力を生みだし、いかにして維持するかが最大の課題となったことは言うまでもない。

幸之助が逝去した時の松下電器の社長は、「中興の祖」と謳われた山下俊彦の後任の谷井昭雄である。その谷井から「社長の椅子」は森下洋一、中村邦夫、大坪文雄と引き継がれ、そして平成二十四（二〇一二）年六月、津賀一宏がパナソニックに社名変更した後の二代目社長に就任している。その二十年余りの「創業者なき時代」で、松下電器の企業文化や経営理念がもっとも揺らぎ、そして変質していったのは、中村邦夫の社長時代である。ちなみに、森下以降は、松下幸之助から直接薫陶を受けたことがない社長である。

ここで、二十年余りの創業者なき時代を振り返って見る。

山下の後継指名を受けて誕生した谷井政権の課題は、二つに集約できる。ひとつは、アクション61の意図を引き継いで、総合エレクトロニクス・メーカーを目指すことである。もうひとつは、山下時代になしえなかった「松下家」と企業としての「松下電器」の関係を明確にすることである。別の言い方をするなら、松下家を創業家としてリスペクトする体制を整えると同時に、松下電器の経営とは別の存在であることを広く知らしめることである。

谷井が最初に迎えた試練は、アクション61の終了年、昭和六十一年十一月期決算で目標通りの数字を出せなかったことである。業績は売上高三兆円、営業利益七百四十一億円、経常利益一千八百七十五億円で黒字決算ではあったが、対前年同期比では減収減益であった。もっとも大きな原因は、「円高台風」と呼ばれた急激な円高によるものだ。とはいえ、当初の期待通りの成果を上げられなかったのは事実である。

アクション61のシナリオライターだった佐久間曻二は、松下電器退社後、私のインタビューでこう答えている。

「原因のすべてを外部要因にするつもりはありませんが、減収減益とはいえ、アクション61を最後まで遂行したからこそ、急激な円高による悪影響を最小限に食い止めることができたのだと今も確信しています。ですから、今でもアクション61が示した全社改革運動の内容およびその方向性は正しかったと思っています」

佐久間が「正しかった」と確信できるのは、じつは非公式ではあるが、アクション61を実施した場合としなかった場合のシミュレーションを行い、「悪影響を最小限に食い止めることができた」という根拠を得ていたからだ。ただし、それは公然と言えば、言い訳になってしまう。それゆえ、佐久間はアクション61をさらに推進し、誰が見ても文句なしの結果を引き出す今後の糧にしたいと考え、公表しなかったのである。

研究開発体制を全面見直し

円高のあと、世の中はバブル景気に沸き、社長の谷井は松下電器の業績を順調に伸ばしていった。しかし松下の順調な業績を支えていたのは「アナログ製品」だった。山下時代の強いデジタル志向にもかかわらず、研究・開発体制および商品化につらなる松下の家電の技術はアナログが主流のままだったのである。

そうした状況に強い危機感を抱いた社長の谷井昭雄は「技術即経営」を目指した山下の「総合エレクトロニクス・メーカーへの道」を改めて見直し、その実現のために自分の時代は「二十一世紀の新しい時代にも適応できる研究開発体制を整備したい」と考えるようになった。「新しい技術の芽」、それもオリジナルとなるようなものの開発である。それは同時に、従来の研究開発体制の全面的な見直しに繋がるものであった。

谷井の指示を受けて、副社長で技術部門の責任者だった水野博之がまず考えたのは、中央研究所が関わる研究開発のうち従来の延長線上のものは九〇パーセントに限定し、残りの一〇パーセントを先端分野の研究など世界に先駆けるものに振り分けることだった。

そのころ、松下本社近くにあった中央研究所は手狭になっており、研究体制を見直すにしても敷地の拡張は容易ではなく、むしろ移転が急務になっていた。他方、松下電器には京阪奈地区（京都、大阪、奈良に囲まれた丘陵地）に建設が予定されていた「関西文化学術研究都市」への進出の誘いがかかっていた。そこで水野は、中央研究所の京阪奈地区への移転を研究体制の見直しの契機にしたいと考えた。

松下幸之助の逝去から約八カ月後の平成元年の暮れ、水野博之は中央研究所の所長だった新田恒治に新しい中央研究所のあり方、つまり「新中研構想」の具体的なプラン作りを命じた。水野が新田に与えた課題は京阪奈地区に松下が所有する一万六千坪に及ぶ広大な敷地に新しい研究を支える施設を作れというのだから、一研究所の範疇を超えた「構想」作りが求められたことは新田にも十分すぎるほど分かっていた。

さっそく新田は、中研の企画室長だった近村隆夫を呼び出し、叩き台となる全体構想をまとめて年明け早々にも提出するように求めたのだった。

近村は、まとめた全体構想の狙いをこう説明した。

「既存の研究部隊を再編すれば、いくらでも形は作れたのですが、どうしても目玉が欲しいという思いがあった。とくに京阪奈は二十一世紀を支える基礎研という位置付けでしたから、二十一世紀にはどんな技術や研究が伸びてくるだろうかと考えて、少なくとも先端的な研究をするグループは要るなと思いましたね。それが何年かしてくると、松下の中に少しずつ入っていけるような、しかもシンボリックな意味合いを持って、ね。そういう研究グループを構想の中に入れることにしました」

他方、近村の報告を受けた新田には、別の狙いがあった。「先端的な研究」はいいとしても、その対象は「生物」に向けられるべきだと考えていた。

「結局、我々がシステムを考える時に、一番学ばなきゃいかんのは人間そのものなんですな。もっといえば、人間までいかなくても下等動物でもいいんです。それらは、非常にうまい仕組みでエネルギーを使って動いている。

例えば、逆光では写真は写りませんが、我々の目には（対象物は）見えるわけです。それは、人間の目には〝絞り〟がついていて自動的に調節するからです。さらに、自動焦点カメラはガラスの窓越しではガラスに反応して焦点が合いませんが、人間の目は自由に窓の内外に焦点を合わせられます。そのような人間が持つ機能をエレクトロニクスに応用できれば、優れた製品を開発できます。松下は電機メーカーですが、生物から学ぶことは多いです」

新田が「生物」に関心を寄せるようになったのは、当時のエレクトロニクス関係の学会やフォーラム等に出席すると、いずれの参加者も話題が生物の機能に集中していることに気づいたことからである。いわば「時代の変化」や「技術の流れ」を、新田は敏感に察知したのである。

それは同時に、総合家電メーカーとして国内随一の地位を占め、国際的企業としても名を馳せるようになった松下電器には、もはや「二番手商法」に甘んじることは許されないし、これまでのように欧米で発見された原理や特許を買ってきて製品開発をするのではなくむしろ新しい原理や技術を発見発明し、提供する立場になって世界に貢献することが求められているという認識が新田に生まれていた証でもあった。でなければ、いつ商品化されるかも分からない、あるいはそれを目的とさえしない基礎研究に取り組もうなんて考えるはずがないからである。

山下が種を蒔いた「技術の松下」の芽は、意外な広がりを見せ始めていた。

テクノフロント構想

社長の谷井昭雄が指示した「二十一世紀の新しい時代にも適応できる研究開発体制」作りは、中央研究所の改革と並行して「拠点研究所」ないし「地域研究所」と呼ばれる研究施設を全国に設置する構想へと展開していった。

その構想を牽引した副社長の水野博之は、その背景と経緯をこう説明した。

「二十一世紀に適応できる研究開発体制を作るため、組織面で考えたひとつが『テクノフロント』(構想)でした。これは、研究所を日本各地に作り、地域固有の目標を持った研究開発を行い、それを地方の営業がバックアップして松下のビジネスにしていこうというものでした。つまり、将来の飯のタネの仕掛けというわけですな。

その大前提となったのが、もはやR＆D(研究開発)を大都市の一カ所に集中する時代ではなくなった、むしろ一極集中は危険であるという認識でした。阪神淡路大震災を少しでも思い起こせば、一目瞭然でしょう。それに巨大な研究施設を大都市近郊に集中させるなど、土地が高くてコスト的にも無理でした。しかし地方にいても、ネットワーク（の発展）でコミュニケーションがとれるようになっていましたから、研究開発には何の不自由もありません。ですから私は、これからは研究開発体制も『地方の時代』だと思ったのです」

もう少し付け加えるなら、中央研究所体制の問題は市場や開発現場から離れるため、どうしても研究のための研究に陥りがちになることである。その弊害を可能な限り少なくするためにも、テクノフロントは有効な手段であった。市場に近いところで消費者の声に耳を傾けながら、研究開発に専念できる環境――ネットワークというインフラが整備されたことで可能になったのである。

ハリウッド「MCA」買収

社長の谷井昭雄の指示のもと新しい研究開発体制の構築に走り出す一方、松下幸之助亡き後、松下家の新しい「家長」となった松下正治は、それまでの不遇の時代のうっぷんを一気にはらすかのようにアクティブになっていた。

幸之助の死から一年半後、平成二（一九九〇）年十一月、松下電器はハリウッドの映画会社「MCA」を買収した。その金額約六十一億ドル（当時の円換算で約七千八百億円）、日本企業による海外企業の買収金額としては当時、史上最高額であった。

その一年前には、ソニーが同じハリウッドの映画会社「コロンビア」を買収して、米メディアから「米国の魂を買った」とバッシングされたばかりであった。

ソニーと違って、松下が買収したＭＣＡは黒字会社で、しかもその資産価値は七十億ドルと米国の証券アナリストたちは見積もっており、それゆえ「松下はいい買い物をした」と評価されていた。ＭＣＡの買収は松下電器創業以来最大の投資額であったが、その決断は社長の谷井ではなく、会長の松下正治が下したものだった。

翌年一月に開催された恒例の経営方針説明会の席上、正治はＭＣＡの買収の経緯を含めその狙いをこう説明した。

「昨年の春に平田（雅彦）副社長からＭＣＡの話が仲介者からもたらされているということを聞きました。そして、もしこの話に応じて投資を行うとすれば、だいたいこのような目論見ができるという、ごく概算的でしたが、そういう内容の話を聞きました。私は、そのとき、『これは大きな賭けだね』と言ったのを覚えております。また、谷井社長からもこの話がありました。『何分にも巨大な金額の投資ということになるから、自分一人で決めるべき限界をかなり越えているように思う』という話でした。（中略）いよいよ交渉も煮詰まってきて、ここでどう進めるか決めなければならない。そこで、思い切ってこの新しい仕事に挑戦しようということを決めたのです。その決断に際して、後ろを振り返ってみると、誰もいないのです。誰もいてくれないのです。まことに身の引き締まる思いがしました」（傍線、筆者）

正治は、最後は自分の決断によってMCA買収が決まったと語っている。つまり、MCA買収の経営責任は会長の自分にあると公言したのである。

さらに、買収の意図に触れる。

「私は、こうしたハード（製品）とソフト（コンテンツ）の結び付きが、具体的にどのようなことになるのかということについて、数人の経験のある専門家の方にご意見を聞いてみました。ところが、そのご意見は、本当にさまざまでした。これは考えてみると、二〜三の効果に限定されるような性質のものではなく、将来にわたって大きな重複的な効果をもたらす、そういう結果が十分に期待し得るものだというふうに私は考えました。具体的にいえば、映画に対するエレクトロニクス技術の採用、また逆にオーディオ技術や今後有望視されるハイビジョンに対する映画、映像の活用ということが考えられます」（傍線、筆者）

そして買収資金の出所についても、正治は包み隠さず語っている。

「多くの先輩のいわば汗の結晶とでもいうべき膨大な備蓄資金、その中には最近調達した資金も何割かありますが、これもいうなれば過去から築かれた松下電器の大きな信用があるからこそ調達し得たものであると考えられます。この備蓄資金の半分に近い膨大な支出をするということは、本当に重要な問題だと思いました。（中略）何といっても、この投資によって当分の間、毎年、六百四十億円の新たな金利収入減が生じてきます。本来の仕事全体で利益を生み出し、これをカバーしていかなければなり

ません」（傍線、筆者）

七十八歳・正治の決断

経営トップの最大の仕事は、社運を賭けるような巨額な投資を決断することと、自らの後継者を育てることの二つだと言われる。たしかに幸之助亡き後、正治が社長の谷井と並ぶ経営首脳であったことは間違いない。

しかし巨額な投資判断をするには、やはり相応しい年齢があると思う。このとき、正治は七十八歳である。私の持論である「六十五歳」をはるかに超えた年齢である。たとえ、ハードとソフトの関係を数人の専門家に聞いたにしろ、それは一般論に過ぎない。大切なことは、松下電器が「どこから来たのか」を考え、個別具体的に課題を検討することである。例えば、コンテンツ・ビジネスに通じた人材が松下電器にいるのか、またハリウッドという特殊な世界のビジネスの世界で生きている相手と対等に意思疎通し、マネジメントできる人材が育っているのか等々を想定するだけで十分な答えは得られる。当時の松下電器は、日本を代表する総合家電メーカーである。とはいえ、コンテンツ・ビジネスにはまったくの素人に過ぎないし、取り組むための人材も不足していた。

さらに言うなら、ＭＣＡを買収して何がしたいのか、何が出来るのか、それを踏まえたビジョンが必要だが、当時の松下電器には準備されていたとは言い難い。備蓄資金の半分を失った上に今後毎年、六百四十億円もの収入を失い続けることは、松下本体の財務に大きなダメージを与えかねない決断だったと言わざるを得ない。

そしてもっとも留意しなければならない点は、MCA買収がそれまで松下電器が行ってきたM&A（企業の買収・合併）と根本的に違うことである。

MCA買収の発表から約一カ月後の十二月二十日、まさにMCA株のTOB（公開買い付け）に入っていたとき、東京で内外のメディア関係者を集めたある懇談会が開催されていた。主催は松下電器東京広報部で、記者たちの質問に対し精力的に対応していたのは副社長（経理部門担当）の平田雅彦だった。平田はMCA買収の松下側の窓口であり、実際に買収の交渉にあたった重要幹部である。

懇談会には日本の新聞・雑誌ならびに海外メディア合わせて三十六媒体、四十六名が出席した。当日の主役、副社長の平田は終始上機嫌だった。松下電器の役員のほとんどは本社のある大阪に住んでおり、もともと東京のメディア関係者と接する機会はきわめて少なかった。そうした経緯もあって、東京広報部が「平田副社長と記者の懇談会」を企画したものだった。

懇親会は、平田の「東京の皆さんと接する機会が少ないので、今回は皆様方からの質問をいただき、それにお答えさせていただきたいと思います」という挨拶で始まった。記者たちからは様々な質問が飛んだが、平田が繰り返し主張した主要なポイントは今後テレビがハイビジョン時代を迎えたとき、その専用コンテンツがきわめて重要になること、しかももっとも有効なコンテンツは「映画」であり、その確保のためにＭＣＡを買収したということである。

自信に満ちた表情で、記者からの質問にてきぱきと受け答えする平田だったが、コンテンツ・ビジネスの経験がまったくない松下電器が水物と揶揄される映画ビジネスのリスクをどう考え、どう対策を立てているのかという質問が出たとき、彼の返事はそれまでの松下の「経営経理」では信じられない、我が耳を疑うものであった。

「経営経理」を逸脱した財テク

平田は、まずＭＣＡの過去五年間の平均営業利益率が一〇・九パーセントであることを挙げた。そしてそれが、松下グループの営業利益率よりも高い数字であることを明らかにしたうえで、ＭＣＡ買収を純粋な投資と考えても十分なリターンが見込めるのでビジネスとして成り立つ、松下電器には損はないと答えたのである。

たしかにＭ＆Ａは、松下電器の発展のうえで重要な役割を果たしてきた。しかしそれらは、いずれも敵対的なものではなく救済色の強いものであった。それゆえ、Ｍ＆Ａによって得た新たな優秀な人材を駆使することで、松下電器はさらなる発展が可能になった。つまりＭ＆Ａの対象となったのは、いずれも松下電器の本業と関係のある企業ばかりなのである。

それに対し、平田はＭＣＡ買収を「純粋な投資」と考える、つまりファンド的な志向からも捉えている。このようにファンドの視点からM＆Aを捉えたケースは、私が知る限り松下の歴史にはない。平田は松下の経理部門の責任者であるが、高橋荒太郎が築いた松下の経理の基本は「経営経理」である。松下経営の羅針盤となることが使命であり、ある意味それがすべてと言っても過言ではない。

平田がM＆A買収で見せた姿勢は、そうした「経営経理」の立場から完全に外れてしまっていると言わざるを得ない。高橋荒太郎が築いた「経営経理」の考えは、平田が経理部門の責任者になった時点で主流ではなくなったのである。この変質に関しては、もちろん松下を取り巻く環境にも左右されたと思う。

松下電器がMCAを買収した平成二年は、日本経済のバブルの絶頂期で、東証の平均株価が一月には三万八千円を記録し、五万円時代は目前だとマスコミは書き立て日本全体が浮き足立った頃である。日本全体で起きていた「金余り」により株や土地、投機商品に向けて溢れた金が注ぎ込まれていた。資産を運用せずに銀行に預金する者は、愚か者の代名詞のごとく扱われた時代だった。

別名「マツシタ銀行」と呼ばれた松下電器が、日本全体を覆った「バブル景気」の雰囲気から無縁でいられるわけもなく、「財テク」という名の投資に走ったとしても無理はない。それが、たまたまMCAの買収というM＆Aだったに過ぎない。しかしバブルが弾けたあとの後遺症を考えると、松下の発展の羅針盤だった「経営経理」の哲学が経理部門に希薄になっていたことは大きな痛手であった。

谷井社長と正治会長との軋轢

新たな研究開発体制の整備を進めるとともに、ＭＣＡの買収という華やかな話題がメディアを騒がせていた松下電器であったが、その水面下では社長の谷井昭雄と会長の松下正治との軋轢が激しさを増していた。

谷井昭雄は、前任者の山下俊彦から社長を引き継いだ際、改めて山下が口にしたわけではないが、松下家と松下電器の関係を明確にするというミッションも受け取ったと認識していた。つまり、松下家は創業家としてリスペクトする存在だが、しかし松下の経営とは関係ないというものである。

谷井はエンジニア出身で、性格は裏表なく実直そのもので部下たちからの人望も厚かった。もともと人柄が円満で気配りの人ゆえ、権力闘争やそのための駆け引きなどとは無縁だった。それゆえ、これと信じたら愚直なほど生一本に突き進むタイプである。

そんな谷井だからこそ、松下正治のもとをもひとりで訪ね、愚直に「会長退任」を願い出たのである。松下家や正治を嫌っていたわけではなく、ただたんにそれが松下電器社長の務めだと信じていただけなのである。正治にすれば、「はい、そうですか」と言って聞き入れられる話ではない。当然、正治は一蹴する。

谷井の松下家と松下電器の関係を早く明確にしなければという思いは、幸之助が亡くなると、さらに強くなっていった。

ある日、谷井は心に何か期すところがあったのだろうか、前回と違って経営幹部を同行して再度、会長室に正治を訪ねた。経営幹部は別室に待機する形で、谷井だけが会長室に入った。愚直に「(会長を)辞めて欲しい」と言い続ける谷井に対し、正治は憮然とした表情で「なんで辞めないかんのだ」と反駁《はんばく》して一歩も引かなかった。繰り返される押し問答の末、最後にはふたりの怒号が部屋の外まで響き渡るほどであった、という。

直球一本で攻める谷井だったが、いかんせん決め手に欠けるうえ、正治の「正幸が社長になった姿を見るまでは死ぬに死ねん」という執念の前には、サラリーマン社長の正義感だけではどうしようもなかった。だからといって、谷井も諦めるわけにはいかなかった。二人の対立は激化していった。

それから二年後の初夏、谷井は三度目の正直を試みる。

谷井は大阪市内のホテルに経営首脳を集め、松下の将来について忌憚のない意見を交わす懇談の会を開いた。しかし突き詰めていけば、松下家と松下電器の関係、世襲問題、会長の正治の退任問題へ収斂せざるを得なかった。翌朝、谷井を先頭に経営首脳は会長室に正治を訪ねた。谷井は冷静に正治に会長辞任を求めると同時に、それが世襲に反対する松下の経営首脳一同の合意であることも伝えた。しかし正治は、会長辞任を頑として受け付けず、逆にむしろ辞めるのは谷井たちであると反駁したのだった。

こうして三度目の試みも、失敗するしかなかった。

正治の反撃

他方、正治は、谷井たちの反旗に激高した。

それはそうであろう。取締役に選ばれれば、正治の自宅へ挨拶に伺い、退任すれば退任したでまた挨拶に伺うのが慣例になっていた松下電器では、正治にとって新任の役員のころから見ている彼らは松下家の「使用人」のようなものである。その使用人が、主である松下家に楯突いたわけだから、その怒りも尋常なものではなかったろう。

正治は、もはや自分が辞任に追い込まれるか、谷井たちを退任に追い込むかのどちらかしかないと思い込むようになっていった。自分が生き残るには相手の弱点を見つけて、そこを徹底的に衝くことである。

その「弱点」が、正治の手に転がり込んできた。

松下電器の子会社・ナショナルリースが、大阪の料亭の女将・尾上縫《おのうえぬい》に割引金融債を担保に五百億円を融資したところ、なぜかナショナルリースの担当者は担保にとった割引金融債を会社に無断で尾上縫に返してしまう。そこへバブルが崩壊し、女将の料亭は破産する。ナショナルリースには五百億円もの不良債権が残されたというわけである。

もともとの事件は、日本興業銀行（現、みずほ銀行）などによる尾上縫に対する不正融資事件で、それが発覚し、その関連でナショナルリースの不良債権問題も明らかになったのである。バブル崩壊当時は、それまでの放漫な金遣いのツケが各方面で問題になり、その処理に多くの企業が奔走させられていた。松下電器もまた、バブルのツケを支払わされることになったのである。個人的には、もし「経営経理」の方針が松下グループ全体に貫徹していれば、このような子会社の不良債権問題も起きなかったのではないかと少し残念に思った。

ナショナルリース事件の発覚で、会長の正治と社長の谷井は攻守所を代えることになった。会長の正治は、執拗に経営責任を谷井に迫った。その執拗さに根負けしたのか、翌平成四年三月、谷井は、ナショナルリース問題の責任を取らせる形で二人の副社長を解任した。営業全般を担当していた佐久間曻二は「直接責任」を問われて、副社長のみならず取締役まで解任され、参与（社内資格）に付される。また、経理担当の平田雅彦は「間接責任」を問われて取締役には踏みとどまったものの、ヒラ取への降格となった。

この処分を後で聞かされた山下は、もはや谷井政権は持たないと感じた。

「今回の処分に関しては、事前に相談も連絡もありませんでした。ですから、処分が出たあとで知りました。（佐久間の処分は）気の毒やと思いました。責任といっても、形の上だけのもので実際に何もないわけです。そんな事まで言われたら、かなわんですわな。それに第一、処分する必要もないと思いました。しかし自分を一番支えている人間を切ってしまえば、もう（谷井政権は）もちません。いったい正治さんからの攻撃を、誰が守ってくれるのですか」

谷井の経営チームは、営業部門担当の佐久間、製造部門担当の村瀬通三、技術部門担当の水野博之、そして経理・管理部門担当の平田の四副社長で構成されていた。とくに佐久間は筆頭副社長として他の副社長たちをとりまとめ、四副社長で合意した点を谷井に伝えて経営の実務を進めるなど重要な役割を担っていた。いわば、谷井と副社長チームとを結ぶ要のような存在であった。その要を失えば、谷井政権はどうなるのか分かるだろうと山下は私に説明したのだ。

もともと松下電器の副社長は、幸之助の「重役心構え六カ条」にも記されているように、現業に対しては「無任所」が原則で、担当は「全般」を大所高所から見る立場であって、直接子会社など現場の責任を問われるものではない。今回のような「直接責任」を問うなら、今後も松下電器では子会社が不祥事を起こすたびに副社長のクビが飛ぶことになる。私は、政治的な意図を感じた。

森下社長就任で「テクノフロント構想」が瓦解

その年の初秋、松下電器の大型冷蔵庫の欠陥が発覚し、問題となった。その時も、会長の正治は、谷井に社長の経営責任を問い続けた。ついに力尽きたのか、谷井は翌平成五年二月、任期途中で社長の座を投げ出した。

谷井の後任は、営業畑出身の森下洋一である。

森下は、異色の経歴の持ち主である。森下の松下電器入社は、もともとバレーボール選手として松下の実業団チームに入ったことからである。その後、森下は営業に転じるのだが、元来根が真面目な彼は、誰が相手でも話をよく聞き、そしてきちんと対応するというスタイルだった。会長の正治が古参の役員や幹部たちから軽視される状況の中でも、そういった風潮に流れることがなかった。正治の指示やその内容を熱心に聞いては、必ずきちんと報告した。どんな事情であれ、正治への報告を怠るようなことはなかった。そうした森下の姿勢を正治が評価し、気に入っていたことも谷井の後継社長にすんなり決まった理由のひとつであろう。

森下は、さっそく「松下の再生」を掲げてバブルの後遺症の処理や、景気の低迷と急激な円高などで厳しい経営環境に晒《さら》されている現状に対処するため、全社的なリストラに乗り出した。「リストラ」という言葉を使ったが、本来の意味の「事業再構築」を意味するものではない。本来の意味でのリストラを行うには、何よりも事業戦略が必要である。事業戦略があるからこそ、それに基づいて不要なもの、必要なものを峻別しながら利益を生み出す新しい事業が構築できるからである。

森下が目指した「リストラ」は、要は人員整理や経費節減等の従来の合理化に過ぎなかった。しかも森下は、メーカーとしての「聖域」を決めなかったため、メーカーの生命である研究開発部門といえども、容赦なく削減の対象とした。

その結果、谷井社長時代に進められていた「二十一世紀の新しい時代にも適応できる研究開発体制の整備」は、予算の削減や組織の再編などによって大幅な規模の縮小や根本的な見直しを余儀なくされた。例えば、中央研究所の改革は、研究予算が大幅に削減されたため、一時は計画そのものを断念するまでに追い込まれたほどであった。最終的には、最悪の事態は避けられたものの、当初の計画の半分以下の規模になってしまっていた。

他方、テクノフロント構想は研究所の数が多すぎるという理由から真っ先にリストラの対象となった。計画中だった北海道（札幌）と東北（仙台）の拠点研究所の建設は中止され、完成していた飯塚（九州）、広島、名古屋の三つの拠点研究所のうち広島と名古屋は株式会社として独立させられた。残された飯塚は従来の研究開発体制を二つにわけて出来た「研究本部」と「開発本部」のうち前者の所属とした。つまり、三つの拠点研究所は、松下の正式な「組織図」には研究所としては存在しないことになったのである。

テクノフロント構想は、事実上、否定されたのだった。

ビジョンなき「リストラ」

一連のリストラを現場で指示・推進し、重要な役割を果たした幹部のひとりに村山敦がいる。

森下が社長に就任した翌平成六年に人事部長に就任して以降、「松下の再生」を掲げて全社的なリストラに乗り出した森下政権の先兵となった幹部である。村山は森下政権下では人事担当のまま取締役、常務、専務とトントン拍子で出世した。その村山に「出世」の危機があったのは、取締役から常務に昇任する時である。そのとき、村山には強力なライバルがいた。もし敗れれば、取締役の役員定年を迎えて松下を去らなければならない。社長の森下は迷ったものの、最終的には人事担当でありながら「経営企画」も少しこなせる器用さを評価し、村山を選んだという。

森下が後継社長に村山の「勉強会」仲間の中村邦夫を選ぶと、村山の権力は一挙に拡大していく。中村政権の誕生で副社長に昇任するとともに経営企画（戦略部門）を兼務するまでになったからだ。

その村山に後日、谷井時代の新たな研究開発体制の整備やテクノフロント構想を否定した理由を尋ねたことがあった。彼は瞬時に「あんなもん、設備バブルや」と即答した。何の迷いもない明快な回答であった。

そのとき私は、技術の分からない人間に研究開発などのメーカーの「生命」のリストラを託すことの危険性を改めて実感させられた。

例えば、いまや世界の家電市場を席巻している韓国メーカーのサムスン電子やＬＧ電子を取材したとき、事業戦略とそのためのロードマップがきちんとしているため、研究開発に対する投資も業績が悪いからという理由で簡単に減らすようなことはなく、むしろいかに投資をやりぬくかという視点に立っていることに得心したものである。開発の成果によって、他社製品と差異化した新製品の売れ行きを左右することになるわけだから、今年は業績が悪いから投資は止めるとか減らすといった判断にすぐに至るようなことはない。

それに対し、村山の発想はバブル時代に計画された研究体制の整備だから、設備投資もバブルみたいなものだということに尽きる。もっというなら、利益が出たら研究開発に投資するが出なければ投資しないことになる。これでは、山下が唱えた「技術即経営」に基づく研究開発体制の整備などは長期的な視点と投資を必要とするものだから、最初から村山の眼中にはないことになる。詰まるところ、松下電器をどんな企業にするかというビジョンを持たずにリストラを実行したのである。

山下・谷井時代の技術重視の経営姿勢が森下時代に軽視された結果を、テレビ事業を例に考えてみたい。

日本のテレビ市場は、かつては松下電器の牙城であった。

トップシェアを誇る松下のテレビは、画質を始め圧倒的な製品力で他社を寄せ付けなかった。それを支えていたのが、松下の技術力であった。例えば、ハイビジョンテレビ「画王」（アナログ）は当初の価格が三百五十万円と高額であったにもかかわらず、自慢の系列店網で売りまくり、莫大な利益を松下電器にもたらしている。

当時、系列小売店のナショナルショップを取材すると、店主たちは「松下にいってください。廉価な商品もいいけど、これが松下だ、ナショナルだという製品を作ってくれと。そうすれば、いくら高くても売るし、私たちに儲けさせてください」と異口同音に語ったものだ。高額な「画王」を売って儲けた自信がそう言わせているのかも知れないが、間違いなく「水道哲学」に基づく商品ではなく、他社に負けない差異化できた商品の開発、発売を望んでいた。

ハイビジョンテレビ「画王」以降、松下電器は魅力ある画期的なテレビを市場へ送り出せずにいた。それでも「松下の天下」がテレビ市場で続いたのは、それまでの成果を食いつないできたからだ。

ところが、その様相を一変させる事態が起きる。

平成九年七月、ソニーがブラウン管式平面テレビ「WEGA《ベガ》」を発売し、またたく間にテレビ市場を席巻し、シェアトップだった松下電器と肩を並べるまでになったのだ。万年四位と揶揄されてきたソニーの起死回生の巻き返しであった。

ベガ人気のひとつは、テレビ画面の四隅を平面にすることで、映画のスクリーンと同じように番組を視聴できるようにしたことである。すぐに松下電器も同じ平面テレビを開発し、「T《タウ》」ブランドで発売した。しかしタウは、なぜかベガの独走を止めることはできなかった。本来なら、二番手商法の強みを活かし、大量生産の大量販売で他社を圧倒するはずなのに、である。

その原因を社長の森下は、タウが売れないのはたくさん生産していないので市場に出回っておらず、そのためソニーのべガを消費者は買っていくのだと判断した。森下はタウの大増産の号令をかける。工場が足らないのなら工場を作れというわけである。米国や欧州に次々とブラウン管工場を建設し、適当な建設用地が見つからない場合はノキアの工場を買収するなどして圧倒的な大量生産の体制を整えたのだった。

しかし松下本社の肝いりで取り組んだタウの大量販売作戦も、終わってみれば、在庫の山を築いただけであった。その結果、ブラウン管の製造を担当していた松下電子工業は黒字から一転、赤字経営に転落してしまうしかなかった。

デジタル時代には通じぬ二番手商法

タウ不振の原因は、意外に単純なものであった。

それは、ソニーのべガには当時の松下電器の技術力では追いつけない独自のデジタル高画質技術が搭載され、画質で圧倒的な差をつけていたことである。「デジタル・リアリティ・クリエーション（ＤＲＣ）」と呼ばれる、ソニー独自のデジタル高画質技術の最大の特徴は、テレビ局から標準放送で送られてくる映像をハイビジョン映像に変換できることであった。

たしかに松下電器は、ハイビジョンテレビ「画王」をヒットさせたが、購入者はコンテンツ不足が悩みの種であった。というのも、ハイビジョン放送はＮＨＫのごく一部の番組でしか実施されておらず、民放はいずれも新たな投資負担を嫌って放送の予定は立っていなかった。民放各局にすれば、高額な投資をしてハイビジョン放送をしたからといって、CM料金の値上げにスポンサーが応じてくれるわけでもなかった。

そこで既存のインフラを利用してハイビジョン映像を楽しめるようにしたのが、DRCだったのである。そしてDRCはデバイスではなくデジタル技術のため、ICやLSIなど汎用のデバイスを買ってくればそれで済むというものではなかった。DRCは、基礎技術を積み重ねたうえで生まれてきたものだからだ。

前述したように、デジタル時代は研究開発期間が長期化するのに対し、商品の陳腐化が早いという特徴がある。そのため、いったん研究開発を中断したり止めたりすると、再開しても追いつくのが難しいという問題があった。

つまり時代は、松下が得意とした二番手商法の通用しない技術の世界を迎えつつあったのである。しかもそれへの対応が、松下電器では十分とは言い難かった。山下の危惧は現実のものとなりつつあった。

山下俊彦が目指した「技術の松下」の道が怪しくなっていく一方、「販売の松下」も新しい局面を迎えつつあった。松下の系列販売網を重視し、大切にした佐久間曻二が平成五（一九九三）年に退社したあと、系列店を取り囲む環境は厳しさを増していった。ナショナルショップを脅かす相手はスーパーやディスカウントストアなどの大型店ではなく、家電製品を専門に販売する家電量販店だった。それまでにも東京の秋葉原や大阪の日本橋など、いわゆる電気街に家電量販店は進出し、それなりの存在感を示していた。

しかし九〇年代半ばから登場した家電量販店は、たとえば北関東地区で繰り広げられた「一円セール」や「ご縁（五円）セール」と銘打った原価無視の熾烈な安売り合戦は、ナショナルショップのみならず他のメーカーの系列小売店や地域の家電販売店の経営を直撃し、その多くは廃業や転業などに追い込まれていた。その熾烈な安売り合戦を戦い抜いた家電量販店が全国展開し、各地で新たな安売り合戦を巻き起こしていたのである。その代表的な家電量販店が、ヤマダ電機（群馬県）であり、コジマ（栃木県）であり、ケーズデンキ（茨城県）であった。

私は、佐久間の進めた販売網改革が彼の去ったあと、どうなっているのか気がかりだった。というのも、松下電器が主要な販路として系列小売店から家電量販店へ軸足を移しつつあるという噂が絶えなかったからである。そこで私は、国内の家電販売の責任者だった常務の田中宰にナショナルショップの様子を聞くことにした。

平成十一年ころ、私は松下主催のマスコミ懇談会の席上で田中に経営の苦しいナショナルショップの救済について訊ねた。

「ショップ店さんも量販店さんも、松下にすれば、どちらも大切なお取引先です。どちらか一方を特別に肩入れするなんて、出来るはずがありません。ショップ店の数が減っているのは事実ですが、だからといって、特別扱いするわけにはいきません。シヨップ店が生き残れるかどうかは、市場が決めることです。市場が必要だと思えば、そのショップ店は生き残るだろうし、ダメだと判断すれば、潰れるだけです」

家電販売の最高責任者の口から、こうも簡単に松下電器の発展を長年支えてきた経営理念「共存共栄」を真っ向から否定する言葉が出るとは、松下の役員の態度も変われば変わったものである。共存共栄とは、パートナーシップのことでもある。田中は、パートナーがどうなってもそれは松下とは関係ないというのである。ここまで創業者・松下幸之助の考え出した経営理念「共存共栄」を否定した松下の役員には、それまで会ったことがなかった。

十年ひと昔とはよく言ったものだ。幸之助が逝去してから十年後のことである。松下の経営陣は、創業者・松下幸之助の教えを忘れつつあった。田中もまた、村山同様、中村政権になると副社長に昇任した。

山下相談役の「世襲批判」

森下洋一は、経営の安定化には何よりも松下家との良好な関係が不可欠であることを理解していた。そのため、松下正治および松下家に対して、格別に気を遣った。社長就任三年目の平成七（一九九五）年六月、森下はＭＣＡの売却に踏み切る。ＭＣＡをマネジメントすることもできず、ＭＣＡを利用した新しいビジネスを始めるなどの事業戦略も持たない以上は、もはや手放すしかなかった。持株の八〇パーセントを譲渡するものの、残りの二〇パーセントは当分保有することになっていた。

ＭＣＡの買収は失敗だったのである。しかし森下は、その経営責任を口にすることはなかった。備蓄資金の半分と毎年の金利収入を単純計算すると約五千億円にも達するが、それについても森下は口をつぐんだままであった。「ＭＣＡ買収は誰が決めたのですか」といった執拗な記者からの質問に対しては「みんなで」と答えた。

いずれにしろ、松下正治がＭＣＡ買収に関連して経営責任を問われることも、そういうことが話題になることも経営陣の間ではなかった。当然、正治は森下に恩義を感じ、二人の関係はさらに良好なものになった。

翌平成八年五月、森下は正治の長男・正幸を副社長に昇任させた。正治を始め松下家の人々にとって、悲願の「正幸社長誕生」はもう目前のことのように感じたに違いない。さらに正幸の副社長就任が決まると、以後、松下社内では公然と大政奉還が囁かれるようになった。それにともない、正幸の取り巻きも生まれた。

正治との良好な関係を築くことに成功し自信を深めたためか、森下は次第に周囲の諫言に耳を貸さなくなった。自信と傲慢は表裏の関係にある。次第に社内の空気が重くなるにつれ、正幸に期待することが逆に増えてくるようになった。それは、期待の裏返しでもある。

世襲を許してしまいそうな松下社内の雰囲気の変化に気づいた山下俊彦は、平成九年七月、会長を務める「関西日蘭協会」の総会とパーティの会場となったホテルで、居合わせた新聞記者に「いまの松下電器は、おかしくなっている。松下幸之助の孫というだけで正幸氏が副社長になるのは、誰が見てもおかしい」と世襲批判をぶった。翌日には、前夜の発言を聞きつけた新聞記者など多数のメディア関係者が、山下の自宅を訪れた。

山下の世襲批判は、さらにヒートアップする。

「大きな会社でオヤジが会長、長男が副社長というのはおかしい。幸之助さんの孫というだけで副社長になる能力がない人が副社長になってしまった。会長も八十歳を過ぎた。そろそろ辞めてもらわなければならない。幸之助さんも、世襲には反対していた」

同日、海外出張から戻った社長の森下洋一は、山下の世襲批判に反論した。

「創業家の人間だから、副社長にしたわけではない。平取締役、専務時代の働きを見て実力を評価した」

さらに正治との関係については「私と会長との間で対立は一切ない。経営に関し、私が全権を握っており、指示を受けることもない」と明言した。

山下の世襲批判はしばらくマスコミを賑わせたものの、松下社内には山下発言の受け皿となるものがまったくなかったため、ほとんど影響を与えなかった。山下が社長時代に引き上げた人間はほとんどいなかったし、上司に苦言を呈する事ができる有能な役員の姿もなかった。

他方、大政奉還を支持する松下の現役役員や幹部、およびOBの間でしばしば用いられる世襲を応援する言い回しがある。

「創業家の出身だからという理由だけで、社長候補のリストから外すのはいかがなものかと思う。少なくともチャンスは平等に与えるべきではないか」

世襲という言葉を使わないで世襲の正当性を訴える巧妙な言い方である。このような主張をした代表的なOBは、松下労組の委員長を務めた高畑敬一である。取締役にしてもらった幸之助に恩を感じての発言・行動だと思われるが、高畑のような主張を繰り返す者は、社内には決して少なくなかった。

世襲騒動から二年後、森下洋一は山下俊彦に相談役の辞任を迫った。山下に用意された肩書きは「特別顧問」だった。山下は「こんな人事は、とうてい承服できない」と反発したものの、白紙に戻させるだけの政治力はもはや山下には残っていなかった。森下に押し切られる形で相談役を辞任するしかなかった。

かくして、松下社内で公然と世襲批判できる人間はいなくなった。

「もう森下さんじゃ、どうにもならん」

平成十一（一九九九）年夏、松下電器社長の森下洋一に関するひとつの揶揄が社外に漏れ出すようになった。

「松下電器にとって最大の不安要因は、社長の森下さんひとりだけが（会社が）うまくいっている、何の問題もないと不思議な自信を持っていることである」

たしかに森下は、将来の有効なビジョンを打ち出せずにいた。社内には、かつてのような自由な雰囲気が失われていたため、不満は鬱積していた。松下社内の心ある誰もが、「森下丸」の行く末に不安を抱かずにはいられなかった。社長の森下は、私たちをいったいどこへ導こうとしているのか、と。

翌平成十二年二月、松下の系列小売店・ナショナルショップの長老たちが全国行脚に乗り出していた。いずれも八十歳を超える高齢だが、かつて松下幸之助と共に「販売の松下」を支えてきたという強固な自負心が、彼らを驚異的な行動に駆り立てていた。その彼らを捉えて離さなかったのは、松下電器の経営陣に対する強い怒りにも似た不信感と失望感であった。

幸之助と共に「販売の松下」を築いてきた彼ら同志も年齢には勝てず、ひとり去り、またひとり去りと減っていき、五〜六名になっていた。その彼らが最後のご奉公と決断し、ひとつの腹案を抱えて松下電器の有力ＯＢを訪ねて回っていたのである。

彼らは、有力ＯＢのひとりと面談したとき、こう切り出している。

「もう森下さんじゃ、どうにもならん。しかも恐怖政治を敷いているので、社内が暗くてたまらん。商品政策もよう分からんし、何を売って儲けていいのかもはっきりせん。これといった松下らしい新製品も出てこないし、いったいどうなっているんだ。森下さんも最近は、まったく我々の話に耳を貸そうとしない。最初の頃は、我々の話に『そうですね。分かりました。すぐに対処させます』と真剣に聞いてくれた。最近では居留守を使って会おうともせん」

それまで溜まりに溜まっていた不満をいっきに吐き出すと、ひと呼吸置いてから本題に入った。

「ここは、森下さん（の社長）を代えるしかない。そこで、森下さんの代わりに正幸さんを社長にしようと思うが、どうだろうか。少なくとも、わしらには森下さんよりもマシだと思うのだが」

ショップ店のオヤジさんたちの言い分も一理あるとは思ったものの、そのOBは世襲を認めていなかったので同意はできなかった。その後もいろんなやりとりをしたものの、世襲に同意できないことは重ねて説明したものの、だからといって表だって反対することだけはしないと約束することで納得してもらった。

ショップ店の長老たちは消極的とはいえ、有力OBの同意を得たことでホッとした表情になった。そして次の有力OBを回るため、辞去すると言い出した。すべての有力OBの同意が得られたら、会長の松下正治の所へ持っていき、直訴するとその後の行動も隠すことなく教えた。しかしそれで社長交代が実現するものなのか、そのOBは皆目見当もつかなかった。

ショップ店の長老たちを見送りながら、そのOBは「幸之助さんと一緒にやってきた古い人たちは、本当に元気がいいな」と改めて思った、という。

正幸副会長就任

その後、長老たちからは何の連絡もなかった。そして記憶が薄れかけたとき、件《くだん》の有力ＯＢは知り合いの新聞記者から思わぬ一報を知らされることになった。

長老たちの訪問から約二カ月後の四月二十五日、松下電器は専務の中村邦夫の社長への昇任、それにともない社長の森下洋一の会長就任、会長の松下正治の取締役相談役・名誉会長就任を発表したのだ。世襲問題の中心人物、副社長の松下正幸は代表取締役副会長に就任した。

その日、森下と中村の二人は、記者会見に応じた。

森下は中村を後継者と決めた理由を「国内・海外で経営責任者として実績を積んで」いることを挙げるとともに、副会長に就任予定の正幸には「財界活動に専念してもらいたい」と語った。会長と社長の役割分担については「会社の経営については社長がすべての責任を負う。会長、副会長は財界活動が中心になる」と明言した。

森下は松下正治には三月末に社長人事を伝え、二人の間には意見の対立はなかったと強調した。正治は、正幸の社長就任を諦めたのだろうかと疑問に思う点も少なくなかったトップ交代劇であった。しかし松下電器が、次第に時代から取り残されつつある事実の前には、そんな心配は取るに足らないことなのかも知れない。時期が来れば、いずれ決着がつけられる問題だったことも確かである。

第六章

破壊の時代

中村邦夫相談役

中村新社長の「破壊」

平成十二（二〇〇〇）年六月、中村邦夫は正式に六代目の松下電器社長に就任した。

その半年後には平成十三年度から始まる三カ年の経営計画「創生21」を発表している。そこでは、松下電器の目指すべき企業像は「超・製造業」と記されていたが、従来の製造業と比べてどこがどう違うのかは曖昧で、またどのようなメーカーを目指しているのか分かりにくいスローガンだった。

ただ数値目標としては、計画終了年である平成十五年度の連結営業利益率が五パーセント、連結売上高の約九兆円が掲げられていた。単純計算すると、中村は創生21の三年間で、連結売上高を約一兆七千億円も伸ばすと宣言したことになる。この途方もない数値目標達成のため打ち出されたのが、「破壊（構造改革）と創造（成長戦略）」だった。

中村は「経営理念以外は、すべて破壊の対象」と宣言し、松下電器の戦後急成長の源泉であった「事業部制」や「販売の松下」と畏怖された強力な系列店網までも含むすべてを例外なく見直しの対象にした。

まず中村が着手したのは「破壊」からである。

そして「破壊」の中で、看過できないことが二つあった。

ひとつは「特別ライフプラン支援制度」と名付けられた大規模な人員削減策である。

それまでにも松下電器では、管理職や中高年層を対象に早期退職者を募るなどの人員削減を行ってきていたが、それらは中村の「破壊」とは根本的に違う。

特別ライフプランは、松下本社だけでなく松下通信工業など主要グループ企業四社を含む従業員のうち、勤続年数十年以上で五十八歳以下の全社員を対象としたものだったからだ。しかも平成十三年九月から翌十四年一月末までのわずか五カ月間で、一万三千人もの松下マンが応募していた。松下本社の予想以上の応募者があったのは、退職金割増などの支援策が他社に比べて良かったことと、職場の上司が指名解雇に近い強引な手法を取ったからだと言われる。

強引な手法については、松下電器の中堅社員がその実態を週刊誌（「週刊現代」、二〇〇二年七月二十七日号）に次のようなコメントを寄せている。

《「会社は辞めさせたい社員に（中略）『英語もパソコンもできない君がもうやれる仕事はない』『いま辞めないと、退職金の上乗せなどの優遇措置はなくなるよ』などというのはいいほうで、『年寄りは要らないんだよ』『君の給料で優秀な若い奴が3人雇えるかな』などと言ったケースもあるそうです。それでも退職を拒むと、研修所のようなところに閉じ込められて、草むしりをやらされたりした」》

このような「強引な手法」が職場で容認された背景には、社長の中村邦夫の「四十五歳以上（の社員は）要らないですよ」という容赦ない発言があり、それが強い後押しになっていたからである。

そしてその強引な人員削減を先頭に立って推進したのが、経営企画担当副社長の村山敦である。その村山は、平成十四年度人事会議の席上で大規模な人員削減を「暴力的な仕掛けを用いて、急激にドラスティックに」実行したと発言し、「強引な手法」の使用を認めた。そのうえで「そうしなければ活きられない大量の余剰人員が社内に発生したからである」と釈明した。

しかし村山氏の釈明は、無責任極まりないものだ。

松下電器が事業を展開するうえで必要と判断した人数の社員を採ったにもかかわらず、適材適所で活用できなかったか、見込み違いで採りすぎたため「大量の余剰人員」を作り出したのであって、どこからか「発生した」わけではない。余剰人員を作りだしたのは松下（会社）であって、社員ではない。なのに、責任のない社員にだけ「余剰人員が発生した」からと「人員削減」を押し付けるのであれば、無策無能のそしりは免れない。

さらに問題なのは、村山が谷井時代に進められた二十一世紀に向けた新たな研究開発体制の準備を「設備バブル」のひと言で片付けたように、研究開発体制の再編を「技術」の視点からではなく「モノ」としてしか理解できなかったことである。「技術」は新たな価値を生むが、設備は単なるツールでしかない。

だから、人員削減でも同じ過ちを犯すのである。

ノーベル賞級技術者の流出

明確な事業戦略を持たずに人員削減を行えば、単なる員数合わせでしかない。人員削減の対象となった社員の条件を見れば、それは勤続年数と年齢しかない。つまりエレクトロニクス・メーカーとして松下電器がどのような企業像を目指しているかというビジョンを持ち、それに基づく事業戦略を構築し、さらには実現のためまでのロードマップを描けば、どのような人材が今後は必要なのか、例えばデジタル技術でもどの分野に強いエンジニアが必要なのか、といった判断が可能になる。

それに基づいて必要な人材を揃えるとともに、人員削減の対象となる条件に合う社員を選ぶことが出来る。中村自身がビジョンを描けず、事業戦略を構築できるスタッフも持たずに人員削減を指示したなら、つまり単なる経費節減の一環として実行したなら、そこで生じるのは「優秀な人材の流出」である。

特別ライフプランによる大規模な人員削減が実施されたあと、松下の技術系の役員OBと話す機会を持った。彼がため息混じりに語った言葉は、いまでも忘れられない。

「松下電器で、もしノーベル賞を受賞するようなことがあれば、彼しかいないと衆目一致した優秀なエンジニアがいました。それで先日、久しぶりに会ったら、なんと例のライフプランに応募し、（割増金効果で）一億円余りの退職金を貰って、いま大学の先生をしているというんだな。どうしてかと聞いたら、どうせこれからもリストラをするだろうし、研究開発にも力を入れることがないから、割増退職金をもらえるいまがチャンスだと思ったというんですなあ。正直なところ、がっかりしました」

技術重視の山下・谷井時代からビジョンも明確な事業戦略も描くことなく研究開発体制の縮小を断行した森下時代で、すでに多くのエンジニア、とくに優秀なエンジニアには閉塞感が広がっていた。そこに、どうぞ松下を見限って下さいと言わんばかりの特別ライフプランが実施され、優秀なエンジニアは「いまだ」と判断し、新天地を求めて外へ去っていったのである。

その新天地には、韓国メーカーのサムスン電子やLG電子、台湾のホンハイなど有力な地場メーカーも含まれた。正確に言えば、事前にリサーチをしていて欲しい人材には、松下の人員削減が明らかになったとたん、アプローチをかけてきた海外のメーカーも少なくなかった。そして彼らは、自分たちを「社内に発生した」「大量の余剰人員」としか見ない松下電器に対し、逆に才能・能力を評価してくれたライバルメーカーの強力な助っ人となった。

その後も技術系のOBに話を聞いたが、象徴的だったのは「これ（特別ライフプラン）が、松下の技術に止めを刺すことになるだろう」という見方をする人が少なくなかったことである。

幸之助のリストラとの明確な違い

特別ライフプランのやり方に対し、しばしば松下幸之助は絶対に首切りをしなかったとか、リストラをしなかったと指摘して昔の温情溢れる松下時代を懐かしむ声を取り上げるケースがある。しかしそれは、事実に反している。戦後の財閥指定を受けたころ、数度にわたって人員削減を実施している。しかし表面的には同じ人員削減でも、その内実はまったく異質なものである。

根本的な違いは、そのやり方であり、人員削減に対する考え方である。

人員削減のさい、松下幸之助は全社員を集めて、ある提案をした。

ひとつは、自活する道がある社員はその道に進んで欲しい。

二つ目は、それでも自分と一緒に会社に残ろうと思う者は残ってもいいが、給料の保証はできない。再建の努力はするが、満足のいく給料は払えないと思う。

三つ目は、会社の業績のよくなった時に戻りたい場合は、いつでもまた戻ってきても構わない。

こうして多くの社員が、松下電器を去った。だからといって、身ひとつで追い出したわけではない。独立を考えた社員には松下の電球工場などを与えて応援しているし、また松下の保有する特許を無料で使用させるなど支援は惜しみなくしている。そのまま独立したものもいるが、多くの幹部たちはＧＨＱの各種の制限指定が解除され、松下電器の事業が再開すると戻ってきている。副社長を務めた稲井隆義や谷村博蔵なども自分の工場を畳んでまで戻ってきた口である。山下俊彦も戻ってきたひとりだが、もし三番目の条件を幸之助が提示しなかったら、山下が松下電器の社長になることもなかったであろう。

ここで分かるのは、幸之助は社員を固定費（コスト）として見ていないことである。価値を生み出す資産（戦力）と見なしていることである。ここが、社員を数字でしか理解できない社長の中村や人事の村山と根本的に違う点である。

メーカー経営で大切なのは、付加価値を作り出す開発・製造部門と、消費者に売れることで付加価値と認められる、つまり付加価値となる販売部門の二つの強化である。というのも、この二つがメーカー経営の利益の源泉であるからだ。

しかし中村と村山が主導する「破壊」は、この二つを集中的に弱体化させることに繋がるものであった。

「ナショナルショップ」切り捨て

中村の次なる「破壊」は、松下自慢の系列販売網の見直しという形でなされた。松下電器と系列小売店「ナショナルショップ」は、幸之助の経営理念である「共存共栄」の理念で結ばれていると考えられてきた。その系列店はヤマダ電機やコジマなど大手家電量販店の全国展開によって、各地で激しい「安売り」競争を仕掛けられ、苦しい経営が続いていた。

従来なら、熱海会談や山下時代の改革に見るように、松下電器は系列店の「救済」

に向かうはずだが、中村は逆に「切り捨て」に走る。

社長時代、中村氏はＮＨＫの松下特集の番組でインタビューに応えて「共存共栄」の意味をこう説明している。

「創業者（松下幸之助）は、こう言っています。『自立した者同士が助け合って行きましょう』と。それが、共存共栄です。だから、自立していない者同士が、共存共栄できるはずがない」

不思議な説明である。

松下電器が地域の家電販売店（町の電気店）と系列店契約を交わしたとき、その店は間違いなく「自立」していたはずである。その後、系列店として商売していくうちに「自立」しなくなったとするなら、経営指導を約束していた松下電器にも責任の一端はあると言わねばならない。

それにしても中村は、ＮＨＫのインタビューを受けたとき、本を片手に持っていた。あたかもその本に松下幸之助が「自立した者同士が助け合って行きましょう」と書いてあると言いたげな表情であった。一瞬、私は幸之助の発言集をマニュアルにして、中村は経営を行うつもりなのかと思ってしまった。

じつは系列店の切り捨ては、ずっと前から考えられていたことであった。

村山敦は日経産業新聞（二〇一二年九月六日付）のインタビューで、次のように答えている。

《森下洋一社長時代も改革に取り組んでたが、結果が出なかった。問題点の根幹がタブー視され、手が打てんかったんです。そのひとつが家電の販売形態。（量販店の台頭で）流通がガラッと変わってたのに、販売シェアが落ちていた。みんな『ショップ店に頼ったらあかん』と10年くらい言ってるのに、変えられへんかった》（傍線、筆者）

《森下内閣の若手・中堅役員の間では「抜本的に会社を変えんと、つぶれてしまう」という危機感が深まってた。1999年夏以降、中村さんと僕たちが中心になって勉強会を繰り返し、問題意識を共有した。だから僕らのグループの代表者といえる中村さんが社長になると決まったときはうれしかったね》（傍線、筆者）

つまり、中村が社長に就任する前から系列小売店の「切り捨て」は決まっていたというわけである。中村や村山らの関心は、それをいかにうまく理由づけて行うかでしかなかった。それを彼らは「選抜」という形に求めた。

当時、約一万九千店あったナショナルショップを、やる気のある系列店（＝松下からの仕入額の多い店）と、商売に意欲的でない系列店（＝松下からの仕入額が少ない店）に区分けし、前者の約五千六百店に対し新たに「スーパープロショップ（SPS）」（現在SPSはスーパーパナソニックショップの略称）という名称を与え、彼らとだけ「共存共栄」を約束したのである。

中村にとって、自立した系列小売店とは松下からの仕入額が多い店と同義語だったことがよく分かる。

しかしSPSとして認められたからといって、それで店の繁栄が約束されたわけではない。他の系列小売店と比べて仕入れ値が優遇されていたとしても、例えば、エアコンを三台発注した場合に一般に仕切り値（卸値）よりも二割安くなるという仕組みになっていたとしても、一台からの仕入れではその優遇を認めていない。三台売り切れば、安い卸値で取引したことになるが、一台でも売り残せば、安い卸値とは言えなくなる。このように、SPSでは一台から仕入れることが出来ないため、販売力のある店でないとSPSに入った意味がない。有り体に言えば、松下本社が儲かっても、系列小売店が赤字に苦しむケースはあるということである。

幸之助の「カン」の正しさ

中村は社長時代、しばしば「創業者と同行二人」という言葉を使って、松下の経営理念に沿って経営を行っているように語ってきた。しかしそれは、私がいつも疑問に思うことでもある。たとえば、中村社長が誕生して間もないころ、中村の側近である副社長の村山敦に松下家と松下電器の関係、あるいは松下家をどう思っているか、尋ねたことがあった。そのとき、村山は「うっとしいだけや」と吐き捨てるように言い放った。ここまで松下家に対して不快感を示した松下の役員は、初めてである。松下家を創業家としてリスペクトするどころではない、必要ないと断言したも同然であった。その村山と一緒に勉強会を中心になっておこない、「問題意識を共有した」わけだから、中村が創業者や創業家をどう思っているのかも自ずと推測することができた。

中村は家電の販売チャネルを系列小売店から大手家電量販店に大きく切り替えるが、それは松下幸之助も同じ考えなのかというと私が知る限り、違っている。家電量販店が台頭してきたころ、家電営業本部長が幸之助に呼ばれて、こう諭されている。

「ここに毎月一億円、ナショナル商品を仕入れて下さる大きなお店が一店ある。他方、毎月百万円仕入れていただけるショップ店が百店舗ある。どちらも、月商一億円になる。どっちがいいか。表面的には見れば、ひとつのお店で一億円仕入れてくださるほうがよく見える。ただ僕は、それは危険を伴うと思う。一店一億円売っていただくお店が、何か松下といざこざを起こす。そしてある日突然、売り上げがゼロになってしまう。そういう怖さがある。ところが、ショップ店がおやめになることはまずない。ショップ店の皆さんとともに、うまく生きる道をつくることが一番いいのではないか。そういう人たちと安定した取引ができるように考えていけば、こんなありがたいことはないんだよ。その人たちが『売れて、儲かる』ようにしてあげることが君の大切な仕事だよ」

中村や村山は勉強会を通じて流通の現状を分析し、学び、それを松下電器の販売網の問題解決に当てはめようとした。つまり、一般論（形式知）で得た知識を、個別具体的な問題の解決に利用しようとしたのである。それに対し、幸之助は個別具体的な松下電器の経営の中から個別具体的な解決策（暗黙知）を見出し、それに従えと諭しているのだ。

経営は日々、未知との遭遇である。マニュアルにないことばかりが起きるのが現実である。その現実と向き合い、自分の頭で考え絞り出した答えをぶつけながら、間違えば修正しながら正しい答えを見つけ出す作業でもある。つまり、経営は暗黙知の世界なのである。だから、それを幸之助はしばしば「カン」という言葉で言い表している。

そしてその「カン」の正しさは、まもなく証明された。

中村時代の松下電器は売り上げを伸ばすために、販売チャネルを系列店から大手家電量販店へとその軸足を大きく移していく。その結果、松下の一般消費者向けの国内家電商品の売り上げの比率は現在では、かつては八割以上を占めた系列店の販売ルートが三割以下に激減し、スーパーや家電量販店の占める割合は六割以上になっているという。さらに取引先ごとのシェアで見ると、家電量販店業界トップのヤマダ電機が二五パーセントを占めるまでになったと松下の関係者は明かす。

ちなみに、松下電器がヤマダ電機との関係を深めるのは、平成十三年度からである。業界トップのヤマダ電機との取引拡大を狙って、毎月の一括納入（仕入れ）に対し拡売費（リベート）を投入し、加えて年末にも別途に拡売費を用意するなどの施策を打ち出している。さらに三年後の平成十六年からは年間仕入額の一〇パーセントを年間リベートとして支払うようになり、「蜜月状態」になったという。

家電メーカーの担当者は、自嘲気味に「私たちは流通の奴隷です。市場でシェア争いをする前に、家電量販店の店頭で一番目立ち、売れる場所の取り合いをしています。家電量販店の意向を無視して出来ることはほとんどありません」と語ることが多い。ならば、松下電器とその国内家電売上高の二五パーセントも依存するヤマダ電機とは、まさに一蓮托生で家電販売のビジネスを行っていると言っても過言ではない。

「家電量販店」の限界

バイイングパワーを背景にした家電量販店の要求は、限りない。容赦のない卸値の引き下げ、ヘルパーと呼ばれる派遣店員の無償提供、さまざまなイベントの協賛（つまり、協賛金の支払い）、駐車場などに製品のポスターなどを勝手に貼って求められる宣伝費等々。ヤマダ電機の場合は、競合他社との関係で年商に見合った卸値の値引き（業界トップのヤマダと他の家電量販店の卸値に差をつけること）を要求したこともあった。

それでも家電製品を大量に売ってくれるなら、収支も合う。家電量販店が欲しがる商品は「売れる商品」である。「売れる商品」を不特定対数の顧客に大量に売るのが、家電量販店の持ち味である。間違っても一緒にヒット商品を作ろうとは、考えたりしない。メーカーに求めるのは「売れている商品」であり、「ヒット商品」なのである。

だから、価格が大きな武器になるのだ。ボリュームゾーン（売れ筋商品）の商品を大量に売ることで、家電量販店は成り立っている。

しかし競合他社が多く価格勝負になりがちなボリュームゾーンは、どうしても薄利多売のビジネスになってしまい、高い利益を確保することは難しい。下手をすれば、売れれば売れるほど赤字になることもあり得る。

何ごともそうであるが、「場」が代われば事情は一変する。地デジとエコポイントが終わって、液晶テレビを始め需要を先食いした結果、家電量販店は業績の低迷に悩まされ、バイイングパワーどころの話ではない。液晶テレビに代わって、「売れる商品」として注目を集めているのが、タブレットとスマートフォンである。しかしこれらは「説明商品」と呼ばれ、家電量販店では売りにくい商品である。

なぜなら、買ってすぐに誰にでも使える商品ではないからだ。起動させるにも事前の説明が欲しいし、ネットに繋ぐにしてもＩＤやパスワードの設定はもちろんのこと、繋ぐ方法が複数あるため、どういう場合にはどのような繋ぎ方がいいかなどのケアも必要になる。要するに、販売員にかなりの専門知識が要求される商品なのである。

不特定多数の客にボリュームゾーンの商品を大量に売ることに慣れてきた家電量販店の店員にとって、専門知識以上に一人の顧客に時間をかけて説明し、そして売り上げを立てることは効率の悪い対応に過ぎない。多くのお客を短時間にさばくことが、それまでの彼らに求められてきた販売方法だったからだ。

そうなってくると、タブレットやスマホは専門知識のある販売員がいる特定の場所で売る商品ということになる。そこでももちろん、タブレットやスマホは競合商品である。自前の販売網が活かせないところが辛い。

タブレットとスマホのリーディングカンパニーは、アップルである。アップルは、iPadやiPhoneなど自社製品を世界に展開する直営店のアップルストアでも販売している。アップルストアでは、製品の説明だけでなく様々なユーザーの相談事にも乗っている。使い方や楽しみ方のアドバイスを求めてもいい。家族的な雰囲気で顧客を迎えてくれる。別に商品を買わなくても、アップルストアでは問題ない。

こう書いてきてふと気づくのは、かつてのナショナルショップそのものではないかということである。違いは、ナショナルショップでは、自宅まで店主ないし店員が出向いて来てくれることである。そしてアップルの店員ほどには専門知識やスキルを持っている人が、少ないということである。

ナショナルショップの顧客は「顔」が見える人ばかりである。すでに顧客との信頼関係はあるので、幸之助の言葉通り、「その人たち（ショップ店）が『売れて、儲かる』ようにしてあげること」を松下が行えば、強力な自前のネットワークを利用できる。しかも彼らは、松下製品しか売らない強い味方である。

「破壊」あって「創造」なし

一般論で考え答えを見出そうとすれば、「想定外」なことには対応できない。松下電器が「どこから来て」、その強みがどこにあったのかを理解できれば、「どこへ向かうべきか」は自ずと分かってくる。中村たちの問題は「どこから来たのか」を忘れてしまっているか、無視していることである。

それでもなお、中村邦夫の掲げる「破壊と創造」が松下電器の「事業の再構築（リストラクチャリング）」を目指したものだというなら、それは「事業戦略」と深く結びついて実施されなければならない。再建という事業戦略があるからこそ、組織変更や制度の見直しによる人員削減や経費削減などの「痛み」もまた、堪え忍ぶ意味があるというものだ。

「創生21」の最終年度、平成十六年三月期の松下電器の連結業績を見ると、売上高七兆四千七百九十七億円、営業利益千九百五十五億円、売上高営業利益率二・六パーセント。数値目標の売上高九兆円、営業利益率五パーセントに遠く及ばない数字である。つまり、「破壊」したものの、「創造」の成果がまったく出ていないと言わざるを得ない。事業戦略のミスか、執行段階の失敗か、いずれにしても「痛み」は担保されなかった。

しかし社長の中村が、経営責任を問われることはなかった。

「プラズマ」という選択

社長時代の中村邦夫がとくに力を注いだのは、かつて独走したテレビ事業の復活である。

森下時代、ソニーが先行したブラウン管式平面テレビに挑んだものの、自慢の二番手商法が通じず逆にテレビ事業は赤字に転落してしまっていた。そこで中村は、ブラウン管ではなく次のディスプレイ・デバイス、薄型テレビでテレビ事業の再建を狙うのである。薄型テレビは、プラズマテレビと液晶テレビが二大潮流であった。中村はプラズマテレビを松下の「顔」にしたいと考えた。

両者には当初、それぞれ一長一短があった。

プラズマテレビはブラウン管同様、自発光のため視野角が広く、応答速度も速いためスポーツ番組など動きの激しい映像でも動きが滑らかで残像現象が起こりにくいなどといった長所があった。その半面、電気消費量が高く、なおかつ自発光のため静止画像を続けると焼き付けを起こすという問題を抱えていた。

液晶テレビはプラズマテレビと違って、自発光ではなく液晶パネルの後ろから光りをあてて、つまりバックライトを使って映像を作り出す仕組みのため、応答速度が遅く残像を生じやすいためスポーツ番組など動きある映像には不利だった。視野角も狭く、斜めから見ると映像が分かりにくいなどの短所があった。ただし電力の消費量は自発光でないぶん少なく、しかもバックライトの寿命も長かった。

つまり、一方の長所は他方の短所で、一方の短所は他方の長所になるという関係にあった。また、プラズマは構造上、大型化（大画面化）が比較的容易でむしろ小型化が難しかった。液晶はその逆だったため、当初は三七インチ以上の大型テレビはプラズマで、それ以下の中小型のテレビは液晶でという棲み分けがなされていた。

しかしそうした両者の長所・短所、棲み分けなども、技術革新が激しいデジタル時代にあっては解消されるのは時間の問題であって、決定的な差異化につながるものではなかった。プラズマテレビと液晶テレビの戦い、シェア争いは結局のところ、世界のテレビメーカーが、プラズマと液晶のどちらを多く採用するかで決まる問題であった。

中村の松下電器はプラズマテレビを主力商品に選んだ。他方、液晶テレビは日本ではシャープが牽引していた。プラズマテレビと液晶テレビのシェア争いは、表面的には松下とシャープのテレビ戦争として展開した。国内では、平成十五年から地上デジタル放送が開始され、テレビの買い換えが始まっていた。とくに薄型テレビとデジタルカメラ、ＤＶＤレコーダーの三製品は「デジタル家電」や「デジタル三種の神器」と呼ばれて人気商品であった。当然、薄型テレビ商戦では、プラズマテレビと液晶テレビのシェア争いもまた激化していた。

市場の声を無視した瞬間

そのころ、世界のテレビ市場の中心である北米市場の販売を担当する松下電器の販売会社の役員から本社社長の中村邦夫にあてて、ひとつの要請が届いた。

それは、次のようなものであった。

「アメリカではご承知の通り、日本市場にはいないフィリップス（オランダ）やトムソン（仏）、サムスンやLGの韓国メーカーなどのテレビ・メーカーとも戦っています。そしてそれらの主力商品は大型の液晶テレビです。パナソニックのユーザーからもプラズマテレビもいいけど、パナソニックの液晶テレビを見たいという強い要望があります。アメリカでパナソニックのシェアを増やすためにも、是非、大型の液晶テレビを作っていただけないでしょうか」

それに対する中村の返事は「松下はプラズマで行くと決めたんだ。ごちゃごちゃ言わずに、アメリカでプラズマをちゃんと売れ」というものであった。そうは言われても、アメリカのテレビ市場でシェアを増やすためには液晶テレビは必要だったし、ユーザーの声を無視するわけにもいかなかった。そこで再度、中村に液晶テレビの開発を要請するしかなかった。ユーザーのための、松下のための要請にもかかわらず。そのような要請を繰り返す者は、中村には自分に刃向かう「中村改革」の反対者にでも映ったのだろう。

「お前は、オレの言うことが聞けんのか。松下はプラズマで行くと決めたんだから、プラズマを売ればいいんだ」

という激高した言葉しか中村からは返ってこなかった。

そしてその役員は更迭され、日本に戻され閑職に回されることになった。中村には自分の意見や考えの反対者、あるいは気に入らない相手に対して人事で「報復」することが少なくなかった。その一件以来、プラズマについて中村に否定的な意見を言うものはいなくなった。つまり、プラズマはタブーになったのである。

市場（ユーザー）の声を聞いて大きくなった会社のトップが、市場の声を無視したのである。松下電器のカルチャーが変質したことを示す大きな兆候であった。中村の「創業者と同行二人」という言葉も、彼が都合良く幸之助を利用しているだけではないかと私には思えて仕方なかった。

プラズマ天下の虚構

平成十七年は、国内市場でプラズマテレビと液晶テレビの戦いに決着が付いた年でもある。液晶テレビの出荷台数がブラウン管テレビのそれを初めて抜き去り、全体としても五五パーセントに迫る勢いに見せたのに対し、プラズマテレビの出荷台数は四十六万台で液晶テレビの四百二十万台に遠く及ばなかった。北米市場では、ソニーがプラズマテレビを捨てて液晶テレビに特化し、新しいブランド「ＢＲＡＶＩＡ《ブラビア》」シリーズを立ちあげ投入していた。そしてソニーの液晶テレビは北米市場で受けいれられ快進撃を見せていた。二年後には北米市場でトップに立ったほどだ。

もはや薄型テレビは、液晶テレビに集約されたと言っても過言ではなかった。

しかし松下電器では、薄型テレビの趨勢が決まった平成十七年の九月には世界最大規模のプラズマのパネル工場「尼崎工場」を稼働させている。さらに翌十八年七月には第二期の設備も稼働させたため、茨木第一工場と茨木第二工場、上海工場の四工場で月産四十六万台体制を構築したことになった。

以後も松下電器では、プラズマ・パネルの製造工場の建設を止めることはなく、むしろプラズマテレビの普及・販売には意欲的であった。ちなみに、社内の目標は「プラズマテレビの世界シェアナンバーワンを目指」すことであった。

その後しばらくして、松下電器の友人から電話をもらった。

彼は久しぶりに声を弾ませながら、「おい、ついに松下のプラズマテレビが世界シェアの半分を占めたぞ。もちろん、トップだ」と自慢げに成果を伝えてきた。

その頃には、世界の薄型テレビ市場に占めるプラズマテレビのシェアは一〇パーセントの前半、よくて一五パーセント前後であった。私は彼の気持ちを思いやりながらも、自分の正直な気持ちを伝えた。

「話の腰を折るようで悪いのだけども、いまや薄型テレビ市場でプラズマテレビが占めるシェアは多くて一五パーセント程度。そこでトップシェアをとろうが、過半数を占めようが薄型テレビ全体でどんな影響があるのか、僕には分からない。松下は中小（型）の液晶テレビは作っているのだから、大型も作るべきだ。市場がシュリンクしていっているプラズマテレビではなく、やっぱり液晶テレビ市場で頑張って、存在感を示すことのほうが重要だと思う」

受話器を置いたあと、松下電器ではいったいどんな情報を社員に提供しているのかと考え込んでしまった。大本営発表ばかりしているようでは、社員が本当の危機感を持つことは難しいのではないかと思ったことを覚えている。

かくして松下電器では、社長の中村が固執する「プラズマテレビ」に向けてアクセルを踏み続け、テレビ事業は取り返しの付かない最悪の事態に落ちていくのである。

「企業倫理」の変質

中村邦夫が松下電器の社長に就任して以来、松下の企業カルチャーは変質の一途を辿った。しかもそれは、企業倫理にまでも及んだ。

プラズマテレビの劣勢が明らかになった平成十七（二〇〇五）年、松下製の「ＦＦ（強制吸排気）式石油温風機（ファンヒーター）」から漏れた一酸化炭素を吸って、中毒死したり中毒症状に陥る事故が続いた。原因はバーナーに外気を送るゴムホースに亀裂が生じ、不完全燃焼を起こしたことだった。死者二名、重体三名を含む八名が治療を受けるという家電業界最悪の事故となった。

一月に最初の死者が出てから十一月に二人目の死者が出るまでの約七カ月間、松下電器は事故を起こした製品以外にも同じ構造を持つ製品もリコール（無償修理）の対象とする旨を発表し、その周知に努力した。ただし新聞紙上の「謹告」や同社のＨＰを利用したり、新聞の折り込みチラシや販売ルートを通じての顧客名簿の把握と点検などであった。二十五機種十五万二千百三十二台の点検・修理を目指すにしては、とても十分な対応だったとは言い難かった。

二人目の死者が出ると、事態を重く見た経済産業省は松下電器に対し、リコールだけでなく対象製品の「回収」も必要な措置に加えるように求めるとともに、それまでの注意喚起が不十分だと見なし「より有効と考えられる方法により、これを行うこと」を命令したのだった。それでも松下は、当初は点検・改修に固執し、「回収」措置をすぐにはとらなかった。その理由を私はいまもって知らないし、そうした対応を理解できずにいる。

松下電器の対応が一変するのは、十二月に入って五件目の事故が発生し、八人目の被害者が出てからである。しかもその事故を起こした石油温風機は、すでに点検・修理を終えたものであった。亀裂を起こしやすいゴムホースを銅製のものに代えたものの、それが外れたのである。

ようやく事態の深刻さに気づいた松下電器では、追加の緊急対策を発表する。中でも、次の三点は松下の危機感を端的に表していた。

ひとつは、対象製品のリコールだけでなく、初めて「回収」に乗り出したことである。ふたつめは修理済みの製品の所有者全員に対し、再度異常の有無を確認するとともに改めて「回収」を申し出たことである。三つめが、危険性の周知徹底のため、マスコミを積極的に活用するのを決めたことである。

とくに三つめは、社会の耳目を集めることになった。

家電メーカーとしては稼ぎ時であるクリスマス商戦や年末年始の商戦の時期に流されるテレビやラジオのCMに代えて、問題の石油温風機の全機種の告知とお詫びに切り替えたり、全国六十二紙に回収を含む告知広告を掲載したり、告知のハガキを全国の全世帯と宿泊施設合わせて四千九百万世帯と千百万カ所に郵送するなどして徹底した周知に努めたからである。

こうしたメディアを大々的に使った周知の徹底が、事故後の松下の対応が素晴らしいと高い評価を受けることに繋がり、企業イメージを高めたことは否めない。しかし本当に、そうであったろうか。

誰も経営責任をとらない

当時、松下の幹部が無念そうに語った言葉をいまでも忘れられない。

「当初、（対象製品の）点検・修理の方針が本社で決まりましたが、現場では早くから修理するよりも製品が十三年から二十年と古いのだから回収したほうが安全で確実だという声があがりました。そうした現場の声は、本社の上のほうにも伝えられたはずなのですが、点検・修理でいいという本社の強い指示もあって（回収は）受け入れられませんでした。中村さんが社長になってからは、現場の声に耳を傾けるというよりもまず本社の意向ありきで始まることが多くなりました。少しでも反対意見を言えば、『中村改革の反対者』とレッテルを貼られますから。もし最初から回収に踏み切っていたら、二人目の死者を出さずに済んだのではないか、あれほどまでに中毒者を出さずに済んだのではないかと思うと、残念でなりません」

当時の新聞各紙も、ゴムホースを銅製のものに交換するという松下の修理方法に対し、販売業者や修理を請け負う業者から「銅製のホースは抜ける危険性がある」、あるいは「この構造ではすぐに抜け落ちる」という疑問が出され、松下側にも伝えられたものの、受け入れられなかったという経緯を報道していた。

なぜ、事故後の対応が後手後手となってしまったのか。

松下電器が「人命軽視」に走ったからとは言わないが、中村改革の実績を早く挙げなければという焦りが「利益優先主義」に陥ってしまい、それが適切な対応の遅れを招いたのではないかと私は、いまも見ている。

しかしもっと問題なのは、松下電器代表取締役社長、最高経営責任者（ＣＥＯ）の中村邦夫がＦＦ緊急市場対策本部の本部長を務めながらも、自社の製品で死者二名重体を含む被害者八名という事態を招いたことに対し、記者会見など公的な場所で何ら説明も謝罪もしなかったことである。松下電器が開いた記者会見で、釈明とお詫びに立ったのは副社長だった。

かつて電気コタツの事故で死者が出たとき、製造した家電メーカーの社長は記者会見を開き、事故の原因とそれに対する責任を明らかにし、経営トップとして詫びるとともに引責辞任したものである。

何という違いであろうか。

現実に事故の責任を取らされたのは、点検・修理を終えた石油ファンヒーターで事故が起きたことを受けて、その作業をした系列の販売会社の社員ひとりである。彼は業務上過失傷害の罪を問われ、書類送検されている。家電業界最大の事故に対し、松下電器では経営者の責任が問われず、修理を請け負った系列販売会社の社員だけに責任を押しつける。法的にはやむを得ないにしろ、これで本当に良かったのか。

「雇用補助金不正取得疑惑」

企業は社会的な存在である、と言われて久しい。それは同時に、社会の一員としての責務を負っているという意味でもある。それを担保するものは企業倫理である。その企業倫理にも松下電器は欠けているのではないかと思わせる事件が、また起きていた。

石油温風機事故の翌平成十八（二〇〇六）年、全国紙などの報道によって明るみに出た、松下の有力グループ企業「松下プラズマディスプレイ（現、パナソニックプラズマディスプレイ）」に対する「雇用補助金不正取得疑惑」が、それである。

兵庫県では平成十四年度に、県内への企業誘致の促進を目的とした「新事業・雇用創出型産業集積促進補助金」を創設している。ありていに言えば、県内に進出する企業には設備投資や雇用負担を軽減しますという制度である。例えば、県内の居住者を雇用するなら、一定の補助金を出すというものである。

平成十七年から操業を開始していた松下プラズマディスプレイの尼崎工場は、平成十八年二月に兵庫県に補助金を申請し、正社員六名と派遣社員二百三十六名が認められ、二億四千五百四十万円を受け取っている。ただし、兵庫県が補助金の対象とした雇用形態は、正社員と派遣社員の二つだけである。工場の一定の作業全体を請負会社が引き受け、そこで働く作業員は工場とは直接雇用の関係にないため対象外となっている。

税金を使って県民の雇用促進を図るのが目的だから、派遣社員の場合は一年間同一職場で働けば（〇七年から派遣法は「三年間」に改正）、正社員の道が開くため、その趣旨に適っているといえた。

ところが、松下プラズマディスプレイは補助金をもらってわずか数カ月で、派遣社員全員を請負に切り替えてしまうのだ。これでは、補助金をだまし取ったと非難されても仕方がない所業である。県議会でも取りあげられたものの、法的には松下の行為を問題にはできない。というのも、補助金交付の申請時には、派遣社員という要件を満たしていたからである。これが、松下の「雇用補助金不正取得疑惑」と呼ばれるものである。

この疑惑に対し、松下本社も松下プラズマディスプレイの社長も「沈黙」した。たしかに法的には問題がないにしても、法の抜け穴を利用するようなやり方は「まっとうな企業」のすることではない。県民の貴重な税金をピンハネするようなやり方は、中村のいう「創業者と同行二人」や破壊の対象外とした「松下の経営理念」と関係があるものなのか、それとも関係ないのなら、どうしてこのような理不尽な行為が松下電器ではまかり通るようになったのであろうか。

「会長」という名の社長

平成十八（二〇〇六年）六月、社長の中村邦夫が会長に退き、代わって専務の大坪文雄が社長に就任した。会長の森下洋一は相談役に就任した。記者会見の席上、大坪は「グローバルエクセレンス（世界的優良企業）の仲間入りを果たすのが私の使命」と語った。これは中村社長時代から使われている言葉だが、指標は営業利益率一〇パーセントである。大坪は、この数値目標に加えて「グローバルエクセレンスとは、たゆまぬイノベーションで成長を持続し、世界規模で健全な事業活動を展開することにより、世界中のすべてのステークホルダーに支持される企業となること」と再定義してみせた。

記者会見の席上、中村と大坪は握手してみせたが、誰もが「実力会長」となる中村の存在を考えるなら、大坪に独自色を期待できないことは分かっていた。要は、中村の傀儡政権という認識である。

大坪は、私に強い印象を残さなかった。それは彼個人の問題というよりも、中村のアクが強すぎたからだ。「中村改革」の反対者は許さない、という強いメッセージは人事で担保されていたから、一種の恐怖政治を敷いた「独裁者」という強烈なイメージが中村にはあった。そして周囲の諫言に耳を傾けようとしない中村にとって、ひれ伏すものだけが信頼できる部下であった。

会長に退いても、中村は会長という名の社長なのである。

なぜ、この時に「社名変更」なのか

そんななか、大坪が「社長」として輝いてみえた時があった。それは、松下電器産業をパナソニックに社名変更した時である。「松下中興の祖」山下でさえなしえなかった社名変更を実現したという意味では、社長として素晴らしい仕事をしたということになる。しかし問題は、その時期であったか、ということである。

平成二十年一月、松下電器は恒例の経営方針説明会を、大阪・枚方市で開催した。その席上、社長の大坪文雄は十月一日付けで社名を「パナソニック株式会社」に変更すると発表した。その日の夕方、大坪は記者会見に応じた。

そのとき、社名変更の理由を「グローバルエクセレンスという目標に対し、松下電器（という社名）は若干、ローカルなイメージがある」と説明した。そのうえで、大坪は「ノスタルジーに浸るより、より大きく成長する可能性のあるパナソニックに全員の思いを結集させたい」と意気込みのほどを語った。

しかもパナソニックへの社名変更は松下本社に止まらず、約六百社の連結子会社にも及び、例えば、松下電工は「パナソニック電工」に社名変更されることになった。それまでパナソニックは、海外では全松下製品の統一ブランドとして、国内ではAV（音響・映像）製品のそれに使われていた。それに対し、創業以来使われてきた「ナショナル」ブランドは国内の白物家電（冷蔵庫や洗濯機など）に限られていた。そのナショナル・ブランドも、社名変更にともない廃止される。つまり、社名変更とブランドの統一は「対」なのである。

まるで、松下グループから創業家の「松下」の名前やその関連の名称をすべてなくしてしまうのが狙いのように見える。このとき私は、村山の「(松下家は）うっとしいだけや」という言葉を思い出した。

新聞各紙を始めメディアの論調は社名変更に好意的で、経営陣の決断を讃えるものがほとんどであった。気になったのは、社名変更を会長の中村邦夫が社長時代に推し進めた「改革」の総仕上げと評価する視点が目立ったことだ。この点に関しては、強い違和感を覚えた。すでに書いてきたように、中村の「改革」こそが現在のパナソニックを苦境に追い込んだ原因だと考えているからである。

松下家と松下電器は別の存在であるという誰もが分かる線引きをするには、社名変更しかないと私は考えてきたし、その旨を雑誌等で明らかにしてきた。それゆえ、基本的には松下の経営陣の決断を支持するものだが、ただタイミング等に関しては賛成できないでいる。というのも、社名変更が明確なビジョンと事業戦略に結びついて考えられ、実行されたものとは思えなかったからだ。

パナソニックへの社名変更は、創業者の逝去から約二十年後に実施されている。しかし社名変更に成功した有名企業を挙げてみると、ソニー（東京通信工業）やオムロン（立石電機）、京セラ（京都セラミック）などの場合、いずれも創業者が健在か、自ら率先して社名変更にあたっている。ここが、松下との決定的な違いである。

しかも社名変更に成功した企業は、いずれも創業者が持つ強烈なカリスマ性と強力なリーダーシップで、優良企業に成長している。カリスマ性で言うなら、「昭和の今太閤」と親しみを込めて呼ばれ、「経営の神様」と賞賛された松下幸之助の右に出る経営者はいないだろう。多くの国民にとって、松下幸之助=松下電器なのである。それを覆して新たな企業イメージを作る時が、平成二十年、その時だったのかという疑問である。

社名変更には、多大な労力と時間とコストがかかる。

取引先など社外に社名変更の周知を徹底しなければならないし、物理的に「松下電器」の社名の入っているものをパナソニックに書き替えたり、置き換えることをしなければならない。そしてもっとも重要なことは、社名変更の意義とそれにもとづく新しい事業展開を理解させなければならない。また、一定期間の混乱は覚悟しなければならない。

そうした物理的精神的に大変な作業を、この時期にやる必要があるのか、また行う余裕が松下電器にあったのかという疑問である。中村の「破壊と創造」の後遺症が露見し始め、その対応が急務な時に何をやっているのだと思ったのだ。

「技術への無理解」が生んだ三洋買収

森下社長時代から始まった新しい研究開発や技術に対する無理解や軽視は、新しい時代の飯のタネとなる事業の開花を妨げる結果になっていた。白物家電でもオール電化などエネルギー関連の製品が次の成長のエンジンになる可能性を秘めていた。太陽光発電システムなどは、その代表的な製品である。しかし松下電器では、「破壊と創造」で長年続けてきた太陽電池の研究開発を中止させていたし、コア事業だった電池事業を強化することに失敗していた。

そこで飛びついたのが、再建途上にあった三洋電機のリチウムイオン電池（世界シェアトップ）と太陽電池事業（同七位）である。そして社名変更発表の年の十一月、パナソニックは三洋電機と買収を前提にした交渉に入る。だがこの買収は、最終的にパナソニックに多大な負債を与え、最大の赤字を作る原因のひとつになるものだ。

もともと三洋電機の電池事業は、創業者の井植歳男が松下電器を退職したとき、松下幸之助から退職金代わりに分けてもらった松下の電池事業から始まっている。のれん分けして貰ったほうが、本家よりも事業を成功させていたことになる。こんな事態になった詳細な理由は知らないが、経営者の責任は免れない。

おそらくこれと似たようなケースは、表面化していないだけで、おそらくもっとあるのではないか。本来ならば、これまでの松下の技術力に鑑みてもっと画期的な製品が開発されてもおかしくないのである。

「ブランド」とは何か

社名変更にともなってブランドの統一を行ったが、その理由を大坪は「強いブランド力をグローバルに築くため」であり、全社員が「Ｐａｎａｓｏｎｉｃ」のもとに結束し、ブランド価値のさらなる向上を目指すことだという。

では「ブランド」とは、何か。

それは、クオリティ（品質）とメッセージで担保されるものだ。当時の松下電器には「松下」と「ナショナル」、「パナソニック」の三つのブランドがあった。そのため、ブランド力向上には非効率的で、ブランドの「統一」は必然という指摘は多い。しかし正確にいえば、松下はマザー（企業）ブランドであり、ナショナルとパナソニックはカテゴリー（製品）ブランドである。「松下」は本来、ナショナルとパナソニックにとって上位のブランドにあたる。

そして企業ブランド「松下」においてメッセージを発してきたのは、創業者の松下幸之助その人である。かつて松下はふたつの「デンキ」製品を売っていると言われたが、それは製品としての「電器」と、幸之助の「伝記」である。つまり、企業ブランドとしての「松下」の力の源泉は、まさに幸之助の言葉とその存在にあった。

企業ブランドをパナソニックにするなら、誰が幸之助に代わってメッセージを発信するのか。その役割を担うのは「破壊と創造」を進めた会長の中村か、それとも改革の後継者と言われる社長の大坪か、あるいは二人なのか。

社長の大坪自身は「社名は変えるが、創業者の経営理念が風化しないようこれまで以上に力を入れる」と発言しているものの、企業ブランドとしてのパナソニックの強化については具体的に触れていない。

問題は、パナソニックから松下幸之助、あるいは松下の経営理念が連想できないことである。二つのイメージが結びつかないのだ。さらに、マザーブランドとカテゴリーブランドの関係も明らかではなく、つまりブランド戦略がないか、ブランド戦略の必要性を感じていないとしか思えない。なのに大坪は社名とブランドの統一は「強いブランド力をグローバルに築くため」と主張する。

中国でブランド変更しないチグハグ

しかしその一方で、十三億人の人口を抱え、世界経済を牽引するほど経済成長を遂げつつある中国では、社名にパナソニックは使わず、従来通り、「松下電器産業」を当分の間、使用することを明らかにしている。その理由は「松下」の社名が、中国では広範囲に浸透しているからだという。

松下電器と中国の関係は昭和五十三年にまで遡ることが出来る。来日していた中国の副首相・鄧小平が松下電器のテレビ工場を見学したさい、幸之助に「あなたは〝経営の神様〟と呼ばれていますね。中国の近代化を手伝ってくれませんか」と切り出し、それに応じた幸之助が翌年に北京駐在員事務所を開設したことから中国進出が始まる。その後、松下電器はブラウン管製造の合弁会社を北京に設立し、日本企業としては戦後初めて中国に工場を建設した企業となった。

それ以来、中国政府とも進出地区でも良好な関係を保ってきた。また中国社会でも好印象で迎えられ、知名度も年々高くなっていたのは事実である。それゆえ、他の日本企業よりも「松下電器」の知名度は高く、多くの中国人から親しみを持たれている「松下」の名前を使いたいという気持ちも分からないわけではない。

それでは、大坪の「グローバルエクセレンス」という目標に対し、松下電器（という社名）は若干、ローカルなイメージがある」という説明と食い違ってくる。グローバル企業を目指しての社名変更だったはずなのに、もっともグローバルで巨大な市場である中国では「パナソニック」を社名には使わないというのだから、彼らの論理は破綻している。どうしたら、そんな結論が出てくるのか。

ブランド戦略もあいまい、中国に対するグローバル戦略があるのかないのかも分からない。分かるのは、松下電器が森下時代から一貫して明確な事業戦略もビジョンも持ち得ないで来ているということである。そしてそれは、正されることはなかった。

「旧式テレビ」と誤解される

大坪が訳の分からない社名変更の理由やブランド戦略を語っているとき、中国では松下のテレビ・ビジネスは深刻な状態に陥りつつあった。それは、松下製のプラズマテレビが中国で売れなくなってきていたことである。

性能やデザインなどの差異化技術が競合他社より劣っているからではない。中国ではプラズマテレビが、ひとつ前の旧式のテレビだという間違った理解が一般消費者に広がっていたからである。その理由は定かではないが、力をつけてきた現地のテレビメーカーが液晶テレビしか作らなかったため、中国の一般消費者は薄型テレビ＝液晶テレビと思い込み、見慣れないプラズマテレビを旧式のテレビと勘違いしたのではないかと思われる。

いずれにしても、プラズマテレビに対し「旧式のテレビ」というイメージが広がりつつある以上は、そしてその影響が松下のテレビ・ビジネスに出始めている以上は、何らかの対策、出来れば中国戦略を見直し、再構築するぐらいの危機感を松下の経営トップは持つべきであった。

二年後、私は中国取材で北京、上海、そして内陸部の都市・南京などを回って家電製品の売れ行き状況を知る機会を得た。中国メーカーはますます力をつけていて、各地での家電製品のシェア争いではいずれも上位に来ていた。パナソニックに限らず日本メーカー各社も苦戦を強いられていた。

そのとき、競合他社の現地販売責任者がクビを傾げながら、パナソニックの中国での動きを評したのが印象的だった。

「日本メーカーはまだブランド力がありますから、そのブランドの使用を現地の中国メーカーに認めて使用料をとるとか、中国メーカーに作らせたテレビを自社ブランドで販売するとか、各社それぞれ工夫をしていました。もちろん撤退を決めたところもありました。どこの社も厳しくなってきた中国の家電ビジネス、とくにテレビ・ビジネスについて結論を出してきていました。ところが、パナソニックだけは、何がしたいのか、何をしようとしているのか、さっぱり分かりませんでした。中国では売れないプラズマテレビをどうするのか。今後も売り続けるのか、そのためにはどんな販売戦略を考えているのか。他社さんのことですが、パナソニックはトップメーカーですから、その動きは気になります」

その頃には、世界の薄型テレビ市場でプラズマテレビの占めるシェアは一〇パーセントそこそこであった。それでも中村・大坪の経営首脳は、そこでの過半数のシェアをとること、世界シェアトップを目指すことを指示していたのだろうか。それならなおのこと、アメリカに次いでテレビ・ビジネスが大きな中国でプラズマテレビが売れる販売戦略が必要なはずである。

「リーマンショック」という言い訳

次に大坪文雄が「社長」として別の意味で輝いて見えたのは、リーマンショック後の対応である。社名変更を発表した年の九月、米国に端を発したリーマンショックは世界に金融恐慌を引き起こす。このとき、「百年に一度の経済危機」と騒がれ、逆に「百年に一度」だからと何でもありの雰囲気が蔓延してしまったのは、いま振り返ってみても、無能な経営者に「責任回避」の口実を与えてしまった感が拭えない。

翌年、パナソニックは国内外で一万五千人の人員削減を発表した。中村社長時代の「破壊と創造」と同じく事業戦略があってのことではなく、目の前の「危機」にあわてて対応したものだと私は思った。

二月に入ると、京都市内で開かれた「関西財界セミナー」の深刻化する雇用問題を話し合った分科会で、自民党の園田博之政調会長代理（当時）が「大企業には雇用を守る社会的な責任がある」と安易なリストラを戒めたところ、パナソニックの人事担当役員だった福島伸一は「人員削減ありきではなく、事業の撤退を見極めたうえでの判断だった」と会社の立場を弁解した。

同じ分科会には、ソニーの広報担当役員の原直史も出席していた。ソニーもまた、エレクトロニクス事業部門だけで正社員八千人を含む一万六千人以上の人員削減を決めたところだったので、その正当性を主張するため原は「八千人（の雇用）にこだわると、（ソニー全社員）十六万人の船が沈む」と抗弁した。

しかしその後、両社の経営はさらに悪化し、「船が沈む」危機どころか実際に沈みつつある。両社の主張が正しくなかったことは、現実が証明している。そして「破壊と創造」の時と同様に、多くの技術者がパナソニックを去ることになった。そして彼らの受け皿となったのは、韓国や中国・台湾の家電やITメーカーである。

現在、世界の家電市場を席巻しているのは、サムスン電子とLG電子の韓国メーカーである。そして日本の家電メーカーを凄まじいスピードで追走しているのは、台湾や中国のメーカーである。その狭間で存在感を失いつつあるのが、パナソニックを始めとする日本メーカーである。

しかし韓国メーカーや中国・台湾メーカーの研究開発の一翼を担っている、いや中心的な役割を果たしてきた技術陣の中核に、パナソニックをはじめ日本メーカーからリストラなどで去らざるを得なかった日本人エンジニアが座っていることは、いまや周知の事実である。パナソニックを始めとする日本の家電メーカーの現在の苦境は、その意味では、自業自得なのである。

二回目の大規模な人員削減から数年後、私はパナソニックの元役員から愚痴とも言える話を聞かされることになる。長年、台湾のメーカーと仕事上の付き合いがあったというその元役員は、つい先日会ったという台湾メーカーのトップから聞いた話をしてくれた。

「彼が嬉しそうにこう言ったんです。『これまで日本の優秀なエンジニアを招きたいと思っても、どうしても彼らは台湾に来てくれませんでした。パナソニックでも、給料は倍出す、台湾での生活費は全部こちらが持つし、一カ月一回程度の割合で日本への帰国も認めるし旅費も全部持つ、その他にもいろいろ好条件を出しました。こちらの誠意を見せるために、出せるものは全部出したという感じです。それでも、ただの一人も来てくれませんでした。ところが、いまはどうでしょうか。欲しいエンジニアがいれば、手を出せば、上からボロボロ落ちてくる感じです。それまでの有利な条件を出す必要もありません。欲しいだけ必要なエンジニアをとることが出来るんですよ。時代は変わりました』と。いや、複雑な気持ちになりました。出身のパナソニックの厳しい経営状況を思うと、どうしてこんなことになってしまったのか、と」

おそらくパナソニックの元役員の「どうしてこんなことになってしまったのか」という感慨は、厳しい経営環境の中で奮闘している他の日本の家電メーカーの心ある経営幹部たちにも共通する思いであったろう。私自身、どうしてこんなことになってしまうまで放置してきたのか、としばしば思う。すべて人災じゃないかという思いが、やりきれなさとない交ぜになるのである。

迷路に連れ出し放置した時代

中村・大坪時代の松下電器は、いったいどのような企業を目指してきたのであろうか。

たしかに松下電器がM&Aで成長してきた企業であることは、間違いない。しかし中村と大坪時代のM&Aは、それぞれ個別の説明はそれなりの筋が通ることはあっても、肝心のビジョンが明確でないから改めて全体を通して確認すると辻褄の合わないことが多いし、マイナスの結果が出ることも珍しくない。

松下幸之助が経営危機に陥った日本ビクターの救済を依頼されたとき、吸収合併ではなく、自主性をもった小会社として再建したのは、むしろライバルとして松下電器と競った方が両者にプラスになると判断したからだ。その先見性は、ビクターがVHS方式の家庭用VTRを開発し、それがディファクトスタンダード（事実上の業界標準）となって世界市場を席巻したことで証明されている。松下電器がVHS陣営の盟主として多大な利益を得たことは、言うまでもない。その「ライバル・メーカー」として買収した日本ビクター（現、JVCケンウッド）は、事業分野の重複を理由に売却しているし、新たな成長事業を求めて三洋電機を買収するものの白物家電事業をハイアールに売却するなど構造改革費がかかりすぎてパナソニックの経営基盤を揺るがす始末である。

兄弟会社だったパナソニック電工の完全子会社化と事業の再編、さらに松下通信工業や九州松下電器、松下精工、松下寿電子工業などを完全子会社化し、内部に取り込んでいる。上場していた企業は上場廃止にしたうえでのことだ。

しかし松下通工は吸収されると、好調だった携帯電話のビジネスは下降線を辿るようになり、スマホまで出遅れる始末だった。

こうして次々と松下本社内に取り込むことで、本社組織が巨大化・複雑化して大きな「政府」に繋がっていくわけだが、それと中村が目指したスピード経営はどう関わっているのか、などなど理解し難いことばかりが多かった。

言えることは、凡庸な経営者ほど組織をいじりたがるということである。ビジョンもなければ、事業戦略もないから、ロードマップを描くこともできない。つまり、何をすべきか、何をしなければいけないかが分からないから、場当たり的な経営になってしまうのである。その点、組織をいじっていると何かやっているように見えるから、凡庸な経営者は何かと組織の再編絡みのことをしたがるのである。

その結果、抜本的な対策をとることが後手後手に回るか、対策そのものがなされないまま終末を迎えることになる。中村・大坪時代とは、簡単に言えば、目的地（ビジョン）を定めず、海図（事業戦略）もコンパス（ロードマップ）も持たずに、荒海（世界市場）へ繰り出した船長（中村・大坪）が大型船（松下電器）を迷路に連れ出し放置した時代に他ならない。

これでは、パナソニックが世界に向けて躍進できるはずがない。現在のパナソニックの苦境の原因は、外的なものよりもむしろ内的要因が大きいと言わざるを得ない。韓国や中国・台湾メーカーとの競争に敗れた結果、戦って負けた結果というよりも、経営のミスから自滅しただけの話なのである。

かつて私は、創業者精神の継続の重要性を訴えた『ソニーと松下』（講談社）を上梓した。そこで私は、企業経営にとって一番大切なのは、それぞれの企業が持つ企業風土、カルチャーであると指摘した。カルチャーとは、企業が成長する過程で生み出されていく行動原理であり精神構造であり、その土台にあるのは創業者の考え方や生き方、哲学である。それゆえ、《企業の生存にとって最も大事なものは、その生まれ育ち、氏素性であり、それがどのように継承・発展されているかという点だ。なぜなら「創業者精神」こそが、その企業誕生の源泉であり、成長の源泉であり、生存の源泉であるから》と私は力説したのである。

ただ、創業者精神が語り継がれても、なかなか引き継がれないことも事実である。その意味では、中村・大坪時代は「創業者精神を語った」時代であり、「利用した」時代だったとも言える。引き継がれなかったゆえに二人の時代では、松下の企業カルチャーは変質していくしかなかった。しかし変質したカルチャーで、企業は再生できない。パナソニック再建の難しさは、カルチャーの再生も同時に求められていることにある。

第七章

パナソニック再建のために

最後の切り札・津賀一宏社長

最初の異変

私がパナソニックの異変を最初に感じたのは、平成二十三（二〇一一）年十月末のことである。その日、パナソニックは大阪で、「二〇一一年度　第2四半期連結決算概要」（四月〜九月）、いわゆる「中間決算」の記者発表を行った。その席上、二〇一一年度（二〇一二年三月期）の年間業績の見通しで、当初発表した最終損益三百億円の黒字から一転して四千二百億円もの巨額な赤字に転落することを明らかにしたのだった。

経済のグローバル化が進むなか、厳しい経営環境の下でうまく変化に対応出来ずに業績の見通しを見誤ることは、パナソニックでなくても珍しいことではない。しかしその差が、四千五百億円もの大幅な下方修正をもたらすものとなれば、話は別である。パナソニックでは、その原因を薄型テレビと半導体の不振、構造改革費を約四千億円上積みしたことなどを挙げた。しかし私が注目したのは、薄型テレビなどデジタル家電商品を担当する「デジタルAVCネットワーク社」の不振の主な原因として円高の進行など外的要因を強調したことである。

しかしプラズマテレビを中心に展開するテレビ事業部門は、このままでは四年連続の営業赤字は避けられなかったし、累積赤字は数千億円に及ぶと見られていた。いつまでも不振の原因を外的要因にばかり求めるわけにはいかないし、いったいどうするつもりなのかと思ったものの、本業の儲けを表す営業利益はずっと黒字だったし、前年度は三千億円を超えていた。今期（平成二十四年三月期）は減収減益の見通しとはいえ、下方修正してもなお一千三百億円の黒字を見込んでいた。

そのときの私にはまだ、プラズマテレビの不振を他の分野で補うだけの十分な体力がパナソニックには残されているのだなと楽観視するところがあった。しかし十二月にはいって、パナソニック社員やOBらと会食したり、忘年会などで話す機会が増えてくると、当初の私の考えがいかに甘いものだったか思い知らされる。

最終損益が四千二百億円の赤字ではおさまらず、もっと増えることが確実になったことや、八月の時点で経営責任を感じた社長の大坪文雄が辞任の意思を明らかにし既定路線になったものの、会長の中村邦夫が辞任を拒み白紙に戻ったこと、社内の幹部やOBの中村・大坪体制に対する不満がピークに達しているということなどを知らされたからだ。

株価の下落が止まらない

彼らとの雑談の中でパナソニックの経営と直接関係はなかったものの、説得力あるというか身近な問題として感じさせられたエピソードがあった。

パナソニックの社員や役員は、他の企業と比べて退社してからも会社に対するロイヤリティが高い。そう私が感じるのは、同業他社では退社すると在職中に買い求めた

「持ち株」を売却する人が多いのに対し、パナソニックの場合、そのまま保有するケースが多いからである。もちろん、優良企業であるパナソニックの株を「資産」として持ち続けたいという気持ちから長期の保有となるのだろうが。

しかし今回は、少し違った。

息子や孫たちと同居したいと考え、建築費用の一部を負担したパナソニックOBのひとりは所有するパナソニック株を担保に金融機関から融資を受けた。売却したほうが手っ取り早いと私などは思うのだが、彼はどうしても持ち株を手放したくなかったようだ。

ところが、頼みのパナソニック株の下落が止まらない。

例えば、大坪文雄が社長時代の平成二十年、華々しく社名変更を発表した年だが、その年のパナソニック株の平均価格（最高値二千五百七十五円、最安値一千九百十八円）は二千二百四十六円である。平成二十三年には平均株価は半額に近い一千百六十八円にまで下落している（平成二十五年一月三十一日の終値は五百九十八円）。その結果、パナソニック株を担保に差し出したOBは、金融機関から「追い証」を求められることになった。経済的な負担の問題もあるだろうが、それ以上に彼のプライドを傷つけたのは「天下の松下」の将来が危ういと金融機関に思われたこと、つまりパナソニック株の信用が劣化したことだった。

「不満だったけど、中村が『パナソニックが大変な時にある、再建のため協力してくれ』というから企業年金の値下げにも応じたし、それまでのパナソニックでは考えられないようなリストラもOBとして支持した。その後もパナソニック再建のためにと思い、中村改革を批判するようなことは言わずに来た。しかしパナソニックは、ちっとも良くなっていないじゃないか。相談役（松下幸之助）のもと自分たちが一生懸命築いてきた財産を、食い散らかしているだけじゃないか。なのに責任も取らずに、まだ会長を続けるというのはどういうことだ」

再建の切り札

その頃は、パナソニック経営陣の「連帯責任」説が有力で、副社長以上の辞任を求めるべきだという声が強かった。しかし中村会長・大坪社長の二人が留任・続投に意欲的であるとか、中にはそれが既定路線であるかのようにメディアで報じられ始めると、連帯責任の範囲は拡大していった。

一昨年十二月の差し迫ったころ、忘年会を親しい人たちと催した。そのとき、パナソニックのOBが困り切った表情で、どうしたものかと呟いた。

「中村・大坪の続投を黙って見ているような役員も『戦犯だ』という声が強くなって、専務以上を一掃しろという空気なんだ。そうしたら、専務の津賀（一宏、現・パナソニック社長）も含まれるじゃないか。パナには、もう津賀しか残されていないんだ。津賀でダメだったら、もう諦めるしかないと思っていたけど、その津賀まで『戦犯』

だという流れなんだよ。まさか、常務から選ぶわけにいかないじゃないか。もしそんなことになったら、大変だよ」

正直なところ、パナソニック再建の切り札、つまり後継社長としての「津賀」は、私には初めて聞く名前だった。どんなところを評価するのか——改めて聞いた。

「それは、なんといってもプラズマの工場（尼崎工場）を止めたからね。あれには、本当にびっくりした。中村に正面から楯突ける役員なんて、それまで一人もいなかったから。だから、中村・大坪時代の負の遺産を整理し、パナソニックを再建できるのは彼しかいないと思ったんだ」

パナソニックは、兵庫県尼崎市に三つのプラズマパネルの工場を稼働させていた。薄型テレビの中心が液晶テレビに決まった平成十七年から稼働した「尼崎第三工場」（月産二十五万台）、二年後に稼働を始めた「第四工場」（月産五十万台）、そして平成二十二年一月から稼働した世界最大規模のプラズマパネル工場の「第五工場」（月産百万台）である。津賀は尼崎工場を視察したあと七月の取締役会で、約二千億円を投じ、しかも稼働してから一年半しか経っていない第五工場の生産中止を求め、最終的に認めさせたというのである。

その後、尼崎工場は第三工場も生産を中止させ、第四工場に生産を集約させることになる。その結果、尼崎工場が持つ四二インチ換算で一千三百八十万台のパネル生産能力は、七百二十万台へと大幅に縮小した。工場を止めたとき、津賀一宏はパナソニック専務で、テレビ事業を管轄に置く「ＡＶＣネットワークス社」の社長に就任してからまだ半年しか経っていなかった。

津賀は大阪大学基礎工学部生物工学科卒の理系の人間で、パナソニック入社以来、ほとんどが研究者生活だった。実際のマネジメント経験は常務時代に二年ほど車載関係の分社の社長を務めたぐらいの人物が、約三十三万人の社員を抱えるパナソニック・グループを牽引できるのだろうかと率直に思ったものだ。

面妖な人事

他方、長らくパナソニックのライバルとして、そして互いに日本を代表する国際的なエレクトロニクス・メーカーであるソニーもまた、テレビ事業が八期連続営業赤字で最終損益が四年連続赤字にもかかわらず、ハワード・ストリンガー会長兼ＣＥＯが会長定年七十歳を無視して「続投」に意欲を燃やしていた。

年明け早々、ソニーのトップ人事に関して日本経済新聞がストリンガーの「会長兼ＣＥＯ留任」をスクープすると、二月に入って、パナソニックでは中村と大坪の二人が会長・社長連名の手紙をＯＢに送っていた。そこには、巨額の赤字を詫びつつ来期の業績回復を約束し、続投への意欲をアピールする二人の姿が窺えたという。

しかしパナソニックもソニーも、経営トップの「続投」はなかった。

二月二十八日、パナソニックは記者会見を開き、会長の中村邦夫が相談役に退き、社長の大坪文雄が代表取締役会長に、専務の津賀一宏が代表取締役社長にそれぞれ就任する旨を発表したのだった。

なんと面妖な人事かと思った。

この時点で最終損益は、前年の十月末の下方修正を再度修正して、七千七百二十一億円の赤字に膨れあがっていた。創業以来、最大の最終赤字である。今回のトップ人事が引責辞任とするなら、大坪の代表取締役会長は昇任人事であって、辻褄が合わない。また、相談役も松下時代からパナソニックでは、創業者の松下幸之助をはじめ経営に貢献があったと認められる社長経験者が就任している。その判断基準は置くとしても、少なくも創業以来最大の最終赤字の原因を作った者が座る椅子ではない。

傍から見ていると、七千七百二十一億円もの巨額な最終赤字の経営責任をとった経営首脳は、一人もいないことになる。信賞必罰は人事の要諦なのだが、これでは「松下再建のため」という理由で中村時代からリストラされてきた約九万人の社員に対して、はたして示しが付くのかと疑問に思うとともに、一抹の不安を感じずにはいられなかった。

どこか後味の悪さが残るトップ交代に私は、真相を知っていそうなパナソニックの関係者を探しだし、聞き出したいという思いに駆られるようになった。三月に入ったころ、たまたまパナソニックの元役員ＯＢと会食する機会を得た。

今回の社長交代劇は誰が仕組んだのか、その意図は何か――。

「最後の最後になって、みなさんが常識ある行動をとられたということだと思いますよ。誰かが説得したとか、誰かが仕組んだとか、そういった類のものはなかったと思います」

紋切り型のたわいもない答えが返ってきたが、今後のことを尋ねると意外にも不安な面を吐露した。

「中村と大坪の二人が、津賀のすることに介入しなければいいがなと、ちょっと心配だ。なにせ相談役と代表取締役会長だからね、表面的には引責辞任じゃないから、二人とも自分が間違ったことをしたとは思っていないだろう。東日本大震災やタイの洪水、円高ウォン安など環境が悪かった、あれさえなければ最終赤字はなかったと思っているとと思うよ。だから、津賀のやり方をみて、『自分だったら、こうやるのに』とか『自分だったら、もっとちゃんとできるのに』と思って、結局、嘴《くちばし》を入れてくるんじゃないかと。そんなことさせたら、元の木阿弥だ。津賀に任せたのだから、彼の自由にやってもらうしかない。それでダメだったら、仕方がないじゃないか」

山下俊彦の再来

平成二十四（二〇一二）年六月二十七日、パナソニックは株主総会を開いた。

その後の取締役会を経て、津賀一宏は正式にパナソニック社長に就任した。創業家以外からの社長としては、五十五歳の津賀は最年少であった。

それ以降、津賀は新聞・雑誌などのメディアに登場しては、パナソニックの今後の再建や、それをマネジメントする社長としての覚悟や取り組みなどさまざまな質問に対して、率直に自分の考えを披瀝し、そして丁寧に答えている。その真摯な姿勢に対し、どのメディアも新社長の津賀に好意的であった。

それらを読む限り、津賀の当面の課題は二つである。

ひとつは、とにかく「出血」を止めることに全力を尽くすことだ。もうひとつは、パナソニックの苦境を招いた真の原因を最短距離で突き止めることである。

そのうえで新しいパナソニックの企業像、二十一世紀におけるパナソニックのあるべき姿を描くことである。ビジョンを作り、事業戦略を練り上げ、ロードマップを提示し、パナソニック全社員と一丸となって突き進むことである。

松下電器の時代から取材してきた私の目から見たパナソニック社員のひとつの特徴は、きちんとしたターゲットさえ決まれば、凄まじい集中力を発揮することだ。

社長に就任してからまだ一年も経たない段階だが、津賀の行動を見ていると「松下中興の祖」と言われた山下俊彦に似ていると思うところが多々ある。

最初にそう思ったのは、欧州のスマートフォン市場に再参入したにもかかわらず、すぐに撤退を表明したときである。

十月三十一日の決算発表の席上、記者の質問に次のように答えている。

「欧州への再参入を決定したのは、スマートフォンならグローバルに統一したスペックで製品が作れて、ボリュームを追えるという前提があったからだ。スマートフォンで収益を得るにはボリュームを追うことが重要。しかし参入してみると、日本向けの商品はやはり日本市場固有のガラパゴス・スペックになるし、しかも欧州市場ではスマートフォンの限界利益（粗利）は非常に厳しい。これは、再参入の仮説が間違っていたことであり、撤退するという判断は明確。再参入してすぐに撤退することに対し、ちぐはぐだと言われようが、気がついた時には状況の変化に目を瞑らず、すぐに手を打つ。当たり前のことであり、きちっとしたマネジメント上での判断」（傍線、筆者）

山下俊彦は、社長就任後まもなく低迷していた国内販売の伸びを打開するため、従来の販売ルートの整理・再編を実施した。ただ販売会社の人事も連動して行われることになっていたため、販売現場で混乱を生じ、自慢の販売網がうまく機能しなくなった。そこで販売会社や系列小売店から苦情が殺到することになった。

すると、山下はわずか八日で白紙撤回し、元に戻してしまう。山下の社長就任以前から整理・再編は決まっていたこととはいえ、それにゴーサインを出したのは山下本人だったため、マスコミはいっせいに「就任二カ月目、山下新社長の初黒星」と書き立てたのだった。

後年、私は就任間もない失敗は悔しかっただろうなと思い、当時の気持ちを山下に尋ねたところ、意外な返事が返ってきた。

「間違っていたんだから、気づいたら元に戻せばいい。それだけ、ですよ。何も社長だから失敗したので恥ずかしいという気持ちはなかったです。簡単なことです。間違ったら、すぐに手を打てばいいんです」

山下も津賀も、社長のメンツに少しもこだわっていない。山下なら松下電器のために、津賀ならパナソニックのために、何が一番適切なのかを判断基準にして、決断していると思った。これは、出来そうでなかなか出来るものではない。なぜなら、地位が上に行くほど人は過ちを認めたくないし、それを知られたくないと思うようになるからだ。それが結局、事態を悪いほうへ導いていくのだが。

売り上げよりも収益を重視した津賀同様、山下もまた前述したように、筋肉質の会社に変えないといくら売り上げが伸びても松下の経営は危ないと考えた。脆弱な体質になってしまっていたという意味では、山下時代も津賀が社長を引き受けた時も似たような状況に置かれているということである。

本社を百五十人体制に

もうひとつ似ていると思ったのは、津賀が本社のスリム化を実現したことである。

津賀は七千人以上にもなっていた本社の社員を百五十名まで大幅に減らすのだが、これはもちろん残りをリストラしたという意味ではない。彼が考える本来の本社機能に必要な人員は百五十名と判断し、それ以外の人員を仕事の性格を考えて相応しい場所（職場）へ移しただけのことである。

山下俊彦も、社長在任中、本社の人員を半分以上削減したものの、それでもまだ多いと公言して憚らなかった。そして山下は、本社勤務の優秀な人材を次のように批判して止まなかった。

「本社（勤務の）スタッフなんて、楽なもんですよ。命令はしても責任をとらされることはありませんからね。責任をとらなくて命令だけしていればいいんですから、こんな楽なことはありません。誰でも仕事が楽しくて仕方がないと思います。しかも本社にいるくらいですから、みんな頭がいい。知恵がついている分、始末が悪い」

さらに、こう苦言を呈する。

「本社は、いったい何のためにあるのか。それは、現場が、事業部が仕事をしやすいようにするためにあるんです。どこが利益を出しているのか考えれば、当然です。本社のために事業部があるのではなく、事業部のために本社があるんです。本社は、事業部のために一生懸命働くのが本来の仕事なんです」

少し説明を加える。

メーカーである松下電器（当時）は、事業部を基本にラインを構成していた。そして本社の経営企画などがスタッフ部門を担っていた。松下幸之助が事業部制を敷いて以来、松下の事業部は「責任経営」の原点である。それに対し、本社スタッフができることは提案やアドバイスに過ぎない。

とはいえ、実態として「本社」から下りてくる提案やアドバイスは、拒むことの出来ない強い強制力を持つ「命令」となって事業部長に迫ってくるものだ。それは錯覚にすぎないのだが、日常のヒエラルヒーの中では、そこに居る者にとって、ある種の実体を伴っているように見えるものである。

本社からの「命令」とあれば、優先して取り組むしかない。日常業務に支障が出るうえ、失敗したり間違いが生じても、責任をとらされるのは事業部長であって、本社スタッフにまで及ぶことはない。そのような理不尽なことが日常的に起きていたことが、山下を苛立たせ不愉快にしていたのである。

「企業官僚」の危険性

じつはパナソニックに限らず、大手企業に成長する過程でどんな企業でも通過しなければならない問題がある。それは、社員の質が変わる転換点があることだ。パナソニックでは、昭和三十九年ないし四十年以降に入ってきた新入社員から顕著になっていく。

それは「俺がこの会社を大きくしてやる、有名にしてやる」といった野心というか、ちょっとした山っ気のある新入社員よりも「あ、(パナソニックに)入れて良かった。これで、ひと安心」といった会社にすがりつくタイプが増えてくることである。戦後、「良い大学に入って良い会社に入る」ことを人生最大の価値と教えられて育ってきた世代が、大企業に入社したとき、これで人生の目的を達したと考え無気力化したようなものだ。私は、彼らを「パラサイト世代」と呼んでいる。

しかもこのパラサイト世代の中心は東大や京大など有名国立大学や早稲田・慶応など有名私立大学の出身者がほとんどで、しかも学生時代の成績はいずれも優秀である。有名大学かつ成績優秀な人材だからこそ、将来のエリート候補として本社勤務を命じられるのである。そして彼らが「企業官僚」になっていくのである。

山下は自覚してというよりも直観で、彼らの持つ危険性に初めて気づいた松下電器社長である。そして彼らと戦った最初の社長でもある。津賀の別の課題は、パナソニック再建のために、この企業官僚をいかに使いこなすかである。

なぜテレビで負けたのか

もちろん、津賀の発言にはクビを傾げたくなるものも少なからずある。

ここでは、テレビ事業に関することにだけ触れてみたい。

津賀はテレビ事業の縮小を打ち出しているが、その理由は次のようなものだ。

《われわれはコモディティ（汎用品）化した商品を、唯一の領域として追う必要はありません。テレビは部品を集めれば、どこでもプラモデルのように作れます。

お客さまの目線も技術ではなく、端末としての魅力に変わっていきました。テレビならプラズマでなく液晶でよいと考え、スタイリッシュなデザインで、安いものを求めた。我が社はそこで技術力に過信した。マーケティング的な視点が弱かったのだと思います》（傍線、筆者。「週刊ダイヤモンド」二〇一二年七月十四日号）

《日本のマーケットに限っていえば、すでにテレビを売りすぎました。値段を安くすれば、もっと売れるだろう。そんな時代は終わったのです。いまやテレビは白物と同じです。たとえば、冷蔵庫は日本で年単位の販売台数がほぼ決まっているから、基本的に何年かのサイクルで買い換えていきますからね。テレビもそれと同じことがいえるでしょう》

《当時（韓国のサムスンが薄型テレビで世界シェアトップになった二〇〇六年――筆者註）、われわれは当社のプラズマの画質が世界最高だと考えていました。日本では、二〇〇三年にデジタルの地上波が開始され、画質のクオリティが上がりましたが、世界に目を向ければ、ハイビジョンのデジタル放送がきれいな画質で放送される国は限られていた。だから、受像機の画質をいくら訴求しても、目立たなかった。そのへんにミスマッチがあったのではないかと思いますね。韓国メーカーはそうした領域に入ってこずに、デザインを表に出して勝負してきた。虚を突かれましたね》（傍線、筆者。「Voice」二〇一二年十二月号）

《有機ELも現在のテレビもそうですが、完成品のテレビと部品であるパネルは分けて考えないとダメです。これまでは自社のテレビを普及させるためにパネルを作っていた。これが過剰投資につながりました。

基本的に、自社製テレビのためにはもうパネルは作りません。これが我々が学んだことです。テレビ事業の視点から言えば、パネルを内製しなくても、ソニーやサムスン電子、ＬＧ電子から買っても、付加価値の高い製品は作れます》（傍線、筆者。「日経ビジネス」二〇一二年七月十六日号）

家電商品とは、もともと業務用・プロ向けの商品がコモディティ化したものだ。そして製品はコモディティ化することで家庭の中に入ってくる、つまり広大な市場が立ち上がるのである。松下電器の時代から長らくパナソニックは、コモディティ化した商品を売ることで利益を挙げ、事業を拡大してきた。もっとも稼げた市場で、なぜパナソニックが利益を挙げられなくなったのか、それを津賀は考えるべきである。他にも市場があるというのでは、たんなる言い訳にすぎない。

また「テレビは部品を集めれば、どこでもプラモデルのように作れます」というが、プラモデルのようなテレビをパナソニックが作ってきたから売れなかったのだという反省が津賀になぜ生まれないのか――不思議である。

また、韓国のサムスンやＬＧ電子が画質にこだわらず、デザインや価格面で勝負したことでテレビの販売シェアを増やし、パナソニックは高画質技術を過信したため販売で苦戦したと理解できる言い方をしているが、まったくもって失礼な発言だと思う。

サムスンにしろＬＧ電子にしろ、高画質化には非常に力を入れている。それはいまなお、日本の映像技術関係のエンジニアが両社のヘッドハンティングなど引き抜きにあっていることを挙げるだけで十分であろう。またＬＧ電子に至っては、日本市場再参入にあたって、日本人好みの画質を実現するため、研究所を日本に設立し、責任者には日本の大手家電メーカーの役員をスカウトしてきている。

両社がとった戦術は、自社の高画質技術がまだ日本メーカーと勝負できないと考えたから他の強い面、デザインや価格で補った、つまり自分たちの強い分野に日本の家電メーカーを引きずり込んで勝負を仕掛けただけの話である。両社の高画質技術は年々向上しており、いまでは互角以上ではないかと私は見ている。戦術の違いを自社技術は優れていたが……という津賀の抗弁は見苦しいと思う。もっと率直にライバル・メーカーを評価してもいいのではないか。

かつてわが国の家電製品は「安かろう、悪かろう」の代名詞で、海外市場で評判が悪かった。それを米国の大手家電メーカーの製品をキャッチアップしながら、必死に製品の改良を続けた結果、「メイド・イン・ジャパン」は高品質の代名詞にまでなった。サムスンやＬＧ電子は、かつての日本の家電メーカーの姿でもある。津賀は、わが国家電メーカー・トップの社長として、もっと両社の懸命な努力に敬意を払うべきである。

復活の鍵を握るのはテレビしかない

私は津賀とはまったく違い、日本の家電メーカー復活の鍵を握っているのはテレビしかないし、テレビ技術から新しい産業を生み出す可能性があると見ている。それゆえ、パナソニックの真の復活の鍵も、そこにあるのではないかと考えている。

我が国でテレビ放送が始まったのは、昭和二十八（一九五三）年である。放送はモノクロで、受像機はブラウン管式テレビだった。国産第一号はシャープの白黒テレビで、大きさは一四インチ、価格は十七万五千円である。米一〇キロが六百八十円の時代だから、きわめて高額な家電製品だったと言える。

その後、テレビ放送はモノクロからカラーへ、標準放送からハイビジョン放送へ、デジタルからアナログへ、そしてデジタルハイビジョン放送へと高画質・高精細化の道を辿る。その背景には、テレビ画面に映し出される映像をもっとリアリティあるものにしたい、つまり撮影した対象物のそのままの姿を再現したいという技術者の挑戦があった。

他方、ユーザーには高画質化に加えて、大きな画面で番組を楽しみたいというニーズがあった。大画面で高画質の映像を、例えば野球や相撲などのスポーツや映画などのエンタテインメントを自宅で楽しみたいという欲求である。

しかし大型のブラウン管で大画面を実現しても、筐体が途方もなく巨大化してしまい、六〇インチともなれば、もはやテレビというよりも奥行きのある重くて巨大な装置にならざるを得なかった。たとえ商品化されても、多くの一般ユーザーにとって、自宅に置き場所がないテレビになるしかない。その問題を解決したのが、プラズマや液晶などの薄型テレビである。またたく間に薄型テレビは、ブラウン管テレビからその座を奪う。

その薄型テレビの急激かつ大幅な価格下落が、パナソニックを始めシャープやソニーといった日本を代表する大手家電メーカー三社のテレビ事業を悪化させ、巨額な最終赤字を計上させた原因である。

当たり前の話だが、価格は市場の需給関係で決まる。普及率が一〇〇パーセントに近づくにつれ、価格の下落は加速し始める。薄型テレビも同じである。大量に市場に出回れば、価格は下落する。薄型テレビは大画面化を実現したものの、高画質化ではブラウン管テレビを超えるまでには至っていない。その意味では、プラズマパネルや液晶パネルを買えば、誰もが簡単に作れるテレビになってしまっていたのである。

ブラウン管テレビの価格は約三十年かかって下落したのに対し、薄型テレビでは約十年で急激な下落が始まった。

ブラウン管テレビにはモノクロからカラーへ、標準からハイビジョンへと誰が見ても分かる高画質化によって買い換え需要を喚起する機会が何度もあったため、三十年という緩やかなカーブを描いて下落していくことが出来たのである。それに対し、薄型テレビは大画面化だけである。それゆえに買い換え需要は、そうそう起こらない。なのに、そこへ大量の薄型テレビを投入すれば、価格が急激かつ大幅に下落するのは当然である。

そこで価格下落の防波堤として、日本の家電メーカーが期待したのはアメリカ主導のインターネットテレビ（グーグルTVやスマートTV）と3D（立体）テレビである。アメリカのラスベガスで開催された世界最大の見本市「CES2011」の会場では、パナソニックとソニーが他社に比べて、3Dテレビをフルラインナップで揃えるなど一番力を入れていた。プラズマテレビと液晶テレビの違いはあったが。

しかし3Dテレビは、消費者から受け入れられなかった。視聴する場合、正面から見なければいけないなどの制限があったことが嫌われたのである。インターネットテレビも同様に惨敗した。ふたつの新しいテレビの失敗は、オプションには高額な対価は支払わないというユーザーの回答でもあった。

テレビが、なぜ「家電（製品）の王様」と呼ばれるのか。

それは、何よりも他の家電製品と違って代替品がなかったからだ。戦後の家電ブームまでは扇風機には団扇が、洗濯機には洗濯板とたらいが、クーラーには打ち水とすだれと風通しの良い日本家屋が、冷蔵庫には風通しの良い水屋や買い置きをしない工夫があって、経済的な余裕ができるまで我慢ができた。

それに対し、テレビは家庭の中にエンタテインメントを持ち込んだ唯一の家電製品で、それに代わるものはどこにもなかった。戦後の熱狂的なプロレス人気も、大相撲やプロ野球が広く国民に愛されるようになったのもテレビのおかげである。その場に行かなくても、テレビさえあれば、居間で家族全員が映画やドラマ、音楽番組などのエンタテインメントも楽しめた。つまり、テレビはもっとも購入が我慢できない家電製品なのである。

だから高額であっても、私たち消費者は割賦を利用するなどしてなんとか購入しようとしたのである。テレビは消費者の購買意欲がもっとも高い家電製品だったため、他の家電製品と比べ普及率も早かった。それをモノクロからカラーテレビへといった買い換え需要を次々と起こすことで、急速な価格下落を防いできたのである。それが出来なくなって、大幅な価格下落に見舞われているのが、現在のテレビ事業の根本的な問題である。

そしてテレビは、日本の家電メーカーがもっとも高い映像技術を集約した製品である。

「絵作り」が後手後手に

テレビ事業におけるミッションは「大画面化と高画質化」である。事実、日本の家電メーカーは優れた「絵作り」（高画質技術）によって、外国製品との差別化を図ってきた。テレビ局から送られてくる映像（電気信号）は、いくつもの中継所を経て受像機であるテレビに届いた時には劣化してしまっている。それを当初の映像に復元しようとするのが、絵作りの技術である。

その技術が、津賀の言うように、パナソニックでは他社よりもはるかに優れたものだったであろうか。パナソニックの「絵作り」に劣化の兆候を見つけ、私に教えてくれたのは技術担当役員だったOBである。

　パナソニックが松下電器の時代、ソニーのブラウン管式平面テレビ「WEGA《ベガ》」が大ヒットしていたころ、その対抗商品として開発されたのが「T《タウ》」だった。すでに触れたように、タウはベガに勝てなかった。その理由を探るため、その役員OBは三社の平面テレビを購入して画質を比較した。

「ソニー、松下、ビクターの三社のハイビジョンテレビを買って比べて見ました。正直なところ、松下の画質が一番劣っていました。チューニングが悪いとかといった調整の問題ではなく、本質的な、つまり技術力が劣っていたという事実です。これは、にわかには信じられませんでした。松下のテレビは、技術的にも商品としても日本一と自負していましたし、実績もありましたから」

　しかしこの問題は、パナソニック社内で真剣に討議された形跡がない。というのもすぐに平面テレビを諦め、薄型テレビ、プラズマテレビへと軸足を移していったからだ。テレビ画面の画質を良くするには「絵作り」以外にも、テレビ画面（ディスプレイ）の表示能力を高めることが求められる。いくら絵作りがうまくいっても、肝心のテレビ画面にその効果が反映されなければ何の意味もないからである。

　おそらくプラズマディスプレイの表示能力向上に多大な力が注がれ、絵作りのほうの改善は後手後手に回ったのではないかと私は見ている。私がそう考えるのは、パナソニックの4Kテレビの取り組みが、同業他社に比べて遅いからである。

「4K」こそが主戦場

4Kテレビ（三八四〇×二一六〇画素）とは、フルHD（一九二〇×一〇八〇画素）の四倍密度の高精細さを誇る高画質テレビのことである。インターネットテレビ、3Dテレビに代わる新しい次世代のテレビとして期待が高まっている。そこには、価格下落を押しとどめる付加価値が期待されていることは、言うまでもない。

4K映像は、すでにデジタルシネマの世界では主流になりつつある。フィルム映写機に代わって、4Kプロジェクターを整備した映画館が日本でも増えている。古い三五ミリフィルムの映画作品ならフィルムをスキャンしてデジタル処理すれば、4Kコンテンツが出来上がる。HDのカメラで撮った映画作品は4Kにアップコンバートすることで、また4Kカメラで撮影すれば、そのまま4K作品になる。

そうした4Kコンテンツは、フィルムのように長時間上映したら劣化するということもなく、しかもコピーされるリスクもなくなるというメリットから急速に広がり始めている。もちろん、4Kの映像が作り出す高画質も人気である。

他方、4Kテレビには映画と違って、高密度の4K映像を伝送するインフラがテレビ局にはないという問題があった。HD投資が一巡したまもない段階で、さらなる投資は不景気のいま難しいからだ。その難問を解決したのが日本の家電メーカー三社、シャープ、ソニー、東芝である。三社は、既存のインフラを利用して４Ｋテレビを楽しめる、つまりＨＤ映像を４Ｋ映像に変換する信号処理技術を開発したのである。

平成二十四（二〇一二）年九月、ドイツのベルリンで世界最大のエレクトロニクスショー「ＩＦＡ」（ベルリンショー）が開催された。ＩＦＡでは「４Ｋテレビ」は、世界的なトレンドになっていた。日本だけでなく韓国や中国なども含め二ケタ以上の出品があった。

ただし日本を除けば、そのほとんどの４ＫテレビはＣＧやアニメ、写真を４Ｋ映像として流していた。それらは、もともと４Ｋコンテンツであり、また動画であっても４Ｋカメラで撮影した映像であった。

４Ｋネイティブの映像を流して４Ｋテレビの映像の美しさをアピールするそれらに対し、シャープ、ソニー、東芝の日本メーカー三社だけがＨＤコンテンツを４Ｋ映像に変換する「絵作り」の技術を競っていた。インフラ整備の遅れを前提とした４Ｋテレビ時代を視野に入れた対応をアピールしていたのだ。

ソニーと東芝の４Ｋテレビは、八四インチである。というのも両社は液晶パネルを製造していないためＬＧ電子から調達しているのだが、ＬＧ電子の４Ｋテレビが八四インチのためである。その意味でいえば、パナソニックもＬＧから八四インチの４Ｋパネルを購入して、日本メーカー三社と同じ４Ｋテレビを市場に送り出せる映像技術を持っているのかと津賀に聞きたくなる。

シャープ、ソニー、東芝三社の４Ｋテレビで、もっとも美しい映像はシャープのそれだと私は思っている。正確に言うならば、シャープにＨＤ映像から４Ｋ映像へ変換できる映像技術を提供しているアイキューブド研究所が開発したデジタル高画質技術「ＩＣＣ」が圧倒的に優れているからだ。

映画のスクリーン上の映像にしろテレビ画面の映像にしろ、それらは視聴者に見て欲しい箇所に焦点をあてて撮影されている。そのため、高画質・高精細になればなるほど、焦点の合った箇所は美しい映像になっていく。しかし焦点の当たっていないボケた箇所の映像は、いくら高画質・高精細になってもボケたままである。いやむしろ、そのボケが強調されることになる。つまり、ＨＤの四倍密度の４Ｋの高精細映像であっても、もともとボケている映像を焦点の合ったものにはできないのだ。

ところが、アイキューブド研究所が開発したＩＣＣは４Ｋ映像に変換するとき、テレビ画面上の映像をすべて焦点の合ったものに作り替えるのだ。私たちは普段、目を向けると自然と焦点が合うため、ボケた対象を見ることがない。つまりＩＣＣは、普段私たちが見る光景を再現しているのだ。テレビ画面上の対象物（映像）との距離感を自分の目で測ることが出来るため、映像全体に奥行きが感じられ、臨場感も伝わってくる。

従来のテレビや他社の４Ｋテレビの場合、大画面になると焦点の合っている箇所以外にも目を振るので、否が応でもボケた箇所を見ることになる。それが、奥行きを感じさせにくくしているのだ。その意味では、ICCは大画面化の次の課題を、すでに解決しているといえる。ちなみに、アイキューブド研究所の社長、近藤哲二郎はソニーの研究所長時代に標準映像をハイビジョンに変換するデジタル高画質技術「DRC」を開発したエンジニアである。

「欲しい」と思わせるものを作る

さらに4Kテレビは、それまでの「高画質」＝高密度という定義を引っ繰り返し、新たな定義を作り出す可能性を秘めている。つまり私は、高画質の再定義が必要になってくると考えている。

東日本大震災のとき、多くの国民は津波に襲われるシーンを何度もテレビで見たことだと思う。そして津波の破壊力の凄さも思い知らされたことだと思う。私もわが家の大型テレビで、その凄まじい破壊力に驚いた一人である。しかし同時に、ある種の違和感を抱いたことも事実である。それは、恐怖感が伝わってこなかったことである。

テレビ画面に津波の難から何とか逃れた人たちが高台で肩を寄せて集まっているシーンが映し出されたとき、口々に「恐かった」「死ぬかと思った」と恐怖を語り合い、中には涙する人も少なくなった。大画面で高画質のフルHDの映像なのに、避難してきた人の「恐かった」という感情を私は共有できないのでいたのだ。

それはおそらく、津波の様子をカメラにおさめたとき、つまり映像（電気信号）にした瞬間、そうした恐怖感を伝える情報が脱落したのだと思う。その情報を拾い上げ、映像とともにテレビ画面に映し出す可能性が４Ｋテレビにはあるのだ。また、その可能性を実現するため、いまもなお４Ｋテレビの開発現場ではデジタル信号処理技術の研究開発が続けられている。そしてその先頭を走っているのが、アイキューブド研究所である。

テレビが売れないのは、テレビ価格が下落するのは、モノクロからカラーに変わった時のように誰が見ても一目瞭然で分かる差異化がないからである。もっというなら、「欲しい」と思わせるものがないからである。テレビを並べていちいち指示した箇所を見比べないと気づかないような「高画質」に、消費者がお金を払わないのは当然である。

テレビメーカーがすべきことは、何よりも圧倒的な差異化を実現したテレビを作ることである。それしかテレビ事業を再建できる道はない。そしてこの技術は他にも転用が利く。津賀は「非テレビ」化をパナソニックのディスプレイ事業の再建の柱に考えている。例えば、駅構内でよく見かけるデジタルサイネージ（動画広告）などの用途である。しかし非テレビとはテレビチューナーを搭載しないモニターと同じことだから、そのモニターが４Ｋの高画質モニターだったら、どれほど差異化商品として競争力があるかが分かる。それは医療分野にも使えるし、津波や地震の恐怖を伝えるモニターとして日本各地で防災施設の一翼を担えるだろう。しかもインフラは、既存の

ＨＤコンテンツが利用できる。

つまり、日本が海外のメーカーよりも強い映像技術を核にして、新しい事業を起こすことで競争に勝つことができるのだ。

「敗戦」から学ぶべきこと

私たちは、失敗から多くのことを学ぶ。いや成功よりも失敗のほうが学ぶことが多い。パナソニックを始め日本の家電メーカーが韓国や台湾・中国メーカーとの「敗戦」から学ぶべきことは、もはや体力（投資）では敵わないということである。だからこそ、もっとも強い「絵作り」を始めとするデジタル技術で勝負するしかない。デジタル時代のイノベーションは、デバイスからデジタル技術へ移りつつある。

例えば、パネルというデバイスからデジタル信号処理技術（絵作り）へ、である。ブラウン管からプラズマパネル、液晶パネル、有機ＥＬパネル、そして次にどんなディスプレイデバイスが来るか分からないが、独自のデジタル信号処理技術を持っていれば、どのパネルにでも使える。使い回しが出来るのが、デジタル技術の特徴である。そして繰り返しになるが、デジタル時代は研究開発（デジタル技術）が長期化するのに対し、商品（パネル）は陳腐化するのが早いことである。

それゆえデジタル時代を生き抜くには、技術の「変化」を見極めることが肝要なのである。

パナソニックが「どこへ進むべきか」は、津賀の双肩にかかっている。しかし「どこから来たのか」が分かれば、自ずと道は切り開かれるものである。

平成二十四(二〇一二)年十月三十一日、パナソニックは中間決算の記者発表を行った。その席で、平成二十五年三月期決算で最終損益が七千六百五十億円を計上する見通しであることが明らかにされた。前年度の最終赤字と合計すると、約一兆五千億円である。原因は前年とほぼ同じで、薄型テレビなどデジタル家電商品の不調、高い収益を期待して買収した三洋電機の電池事業が中国・韓国メーカーの低価格に太刀打ちできず、逆に大きな負担となったことなどである。

ひと言で言えば、プラズマ投資と三洋電機買収の失敗である。どちらも中村・大坪時代の負の遺産である。津賀の責任ではないとはいえ、パナソニック社長としてこの難局を乗り越えるしかない。

記者会見の席上、津賀は不振のデジタル家電分野ではパナソニックが「負け組」になっており、「普通ではない」状態にあると説明した。ふたつの過激な言葉に対し、あとから社内外から「言い過ぎではないか」とか「あれでは社員のモチベーションを下げるだけだ」といった批判とまでは言わないが、快く思わない声が少なくなかった。

しかしこの時も、私は山下に似ているなと思った。

なぜ強い危機感を抱くことが出来たのかという私の問いに対し、山下はこう答えた。

「自分が強い危機感を抱くことが出来たのは、危機感を感じる情報が与えられたからだ。だから、社員に自分と同じ危機感を共有してもらうには同じ情報をすべて与えるべきだと思った」

津賀もまた、社長の自分と同じ危機感を社員全員に共有して欲しいと思ったのだろう。その共有こそが、パナソニックの苦境に立ち向かうモチベーションになるものだと。もしそうだとするなら、それは津賀がパナソニックの社員をそこまで信頼している証でもある。どんな酷《ひど》い状態にあるかとすべて伝えても、それにたじろぐことなく一緒に乗り越えてくれると信じているのだろう。山下同様、津賀もまた社員を信じることからスタートしようとしたのだと思った。

むすびにかえて

いまのようなパナソニックの経営危機を招いたのは、中村・大坪時代の失政が根本原因であることは間違いないが、それは同時に「山下革命」を貫徹できなかったということに他ならない。山下の後任の社長たち、森下以降の経営陣が山下革命の歴史的な意味を理解せず、いわば自分たちのやりたいようにやった結果、山下の努力を無駄にしたということである。

松下電器の改革の難しさは、良くも悪くも「松下幸之助＝松下電器」であったことである。幸之助の思想や経営理念が毛細血管のように全体を走っており、迂闊に幸之助の経営理念に抵触するような改革に着手すると瞬く間に全体に及び、強い拒絶反応が起きて自壊し始める可能性があった。

それゆえ、山下は幸之助の経営理念に関係なく、具体的な事業戦略の見直し、たとえばアナログからデジタルへの移行の準備を研究開発や系列販売網の立て直しを通じて行ってきたのである。それは、松下幸之助の思想と松下電器を「切り離す」作業でもあった。だから、松下家を創業家としてリスペクトするとともに、幸之助の「家族経営」と松下の経営との間に一線を引こうとしたのである。しかもそれは、一歩ずつゆっくりと着実に進めなければならなかった。

松下電器の力の源泉が、松下幸之助の「創業者精神」である以上、創業家としての松下家の処遇に腐心したのだ。世襲問題などでは表だって松下家を批判したものの、なにかにつけ松下家からの依頼や相談には配慮し、創業家の意向を無下《むげ》にするようなことはなかった。

なのに、中村時代には「経営理念以外は破壊の対象」といって、一緒くたに手を付けてしまい、松下電器の「力の源泉」まで埋めてしまったのである。その意味では、後継者に中村邦夫を選んだ森下洋一の罪は重いと言わざるを得ない。

山下が「松下中興の祖」と呼ばれるのは、何も業績を上げたからではない。創業者精神を引き継ぎながら、新しい松下電器を作り上げるという壮大な目的に挑戦したからである。その山下俊彦は、奇しくも津賀一宏の社長内定が記者発表された二月二十八日に九十二歳の生涯を閉じた。それから五カ月後の七月十六日、松下正治が九十九歳の天寿をまっとうした。正治の、いや松下家の悲願だった「正幸社長」の姿を我が目で確かめることは、とうとうできなかった。

そして正治が最後の最後まで悔いたのは、正幸が保有していた松下株を処分せざるを得なかったことだった、という。松下グループには、もともと松下家の資産管理会社と言われた「松下興産」という会社があった。社長は正治夫妻の長女敦子の夫、関根恒雄である。その松下興産がデベロッパーとして不動産投資にのめり込み、バブル崩壊で経営危機に陥る。その処理のため松下電器グループと取引金融機関が資金を出したが、松下家も経営に深く関わっていたという理由で一千数百億円を供出させられている。そのさい、正幸は持ち株を処分して約二百億円を負担したと言われる。

社名変更したいまとなっては、創業家と会社を直接結びつけるものは株だけである。そしてその株は、実質的には松下家はオーナーではなくなったとはいえ、やはり創業家の証であった。松下株の分散を一番嫌った正治だったが、こういう形で「正幸三代目社長」の夢が夢のまま終わることを知るのは耐えがたいものがあったろう。

松下幸之助という希代の経営者は、時代が作り出したものである。その時代に相応しい経営者が求められ、それに応じて体現したのが松下幸之助その人である。しかし幸之助は、自分の矩《のり》を超えて生きようとして躓いた。正治もまた、自分の時代を生きすぎたのかも知れない。あれほど社会を騒がせた世襲問題も、ある意味、時代が解決したといえる。

わずか三名で創業された松下電器産業は、パナソニックに社名変更した現在（平成二十四年三月時点）、従業員総数約三十三万人、国内外合わせて約五百八十社の連結子会社を抱える世界的な企業グループに成長した。そしていま、松下幸之助と松下家の時代に静かに幕が閉じられようとしている。


（第二章以降、敬称略）

■主要参考文献

創業五十周年記念行事準備委員会『松下電器五十年の略史』（松下電器産業、一九六八年）
日本経済新聞社編『私の履歴書　昭和の経営者群像3』松下幸之助（日本経済新聞社、一九九二年）
松下幸之助『私の行き方考え方　わが半生の記録』（実日新書、一九六八年）
松下幸之助『道は明日に』（毎日新聞社、一九七四年）
松下幸之助『人間を考える』（ＰＨＰ研究所、一九七二年）
松下幸之助『新国土創成論』（ＰＨＰ研究所、一九七六年）

山下俊彦『ぼくでも社長が務まった』（東洋経済新報社、一九八七年）
岩瀬達哉『血族の王　松下幸之助とナショナルの世紀』（新潮社、二〇一一年）
水野博之『先見的構想力の時代』（中央経済社、一九九六年）
日本経済新聞社編『私の履歴書　昭和の経営者群像9』井植歳男（日本経済新聞社、一九九二年）
森　一夫『中村邦夫「幸之助神話」を壊した男』（日本経済新聞社、二〇〇五年）
佐久間曻二・立石泰則『「経営の神様」最後の弟子が語る　松下幸之助から教わった「経営理念を売りなさい」』（講談社、二〇〇九年）
松下電器客員会『松苑　松下幸之助創業者とともに』（松下電器客員会、二〇〇三年）
佐藤悌二郎「松下幸之助氏の和歌山時代――出生から紀ノ川の別れまで」（『研究レポート』一九九六年六月、ＰＨＰ総合研究所）

立石泰則（たていし　やすのり）

ノンフィクション作家・ジャーナリスト
1950年福岡県北九州市生まれ。中央大学大学院法学研究科修士課程修了。経済誌編集者や週刊誌記者などを経て88年独立。93年に『覇者の誤算 日米コンピュータ戦争の40年（上・下）』で第15回講談社ノンフィクション賞受賞。2000年に『魔術師 三原脩と西鉄ライオンズ』で第10回ミズノスポーツライター賞最優秀賞受賞。他にデビュー作『復讐する神話 松下幸之助の昭和史』をはじめ、『ソニーと松下』『ソニー インサイド ストーリー』『ふたつの西武』『ヤマダ電機の暴走』『フェリカの真実』など著書多数。11年の『さよなら！ 僕らのソニー』は大きな反響を呼び、当時のストリンガーCEO退任のきっかけとなった。

パナソニック・ショック

2013年2月25日　第1刷発行

著　者　立石泰則《たていしやすのり》

発行者　飯窪成幸

発行所　株式会社　文藝春秋
〒102-8008　東京都千代田区紀尾井町3-23
電話　03-3265-1211（代）

印刷所　精興社

製本所　大口製本

定価はカバーに表示してあります。
万一、落丁・乱丁の場合は送料当社負担でお取り替えします。
小社製作部宛にお送りください。

ISBN 978-4-16-375960-9
Printed in Japan